循環型社会評価手法の基礎知識

田中 勝 編著
松藤敏彦／角田芳忠／石坂 薫 著

Material Flow Analysis
Environmental Impact Assessment
Risk Assessment
LifeCycle Assessment
Environmental Economics
Environmental Management & Reporting

技報堂出版

はじめに

　本書「循環型社会評価手法の基礎知識」は，今後循環型社会を形成するにあたって，必要となるさまざまな評価手法の基礎知識を示そうとするものである．
　循環型社会を形成するためには，3R（廃棄物の発生抑制：Reduce，再使用：Reuse，再生利用：Recycle）と廃棄物の適正処理を推し進めなければならない．物質資源・エネルギー資源消費を削減し，環境負荷を低減するためには，モノの流れの上流から変える必要があり，それには，市民のライフスタイルの変革，製品の設計・製造過程の変革，社会システムのあり方自体の変革等，さまざまな変革が求められる．それらを実行するためには，現状の問題点を抽出し，それらに対する対応策を考え，それらの効果を評価し，最善の対応策を選択することになるが，それには各種の評価手法や指標，そして管理手法が必要不可欠である．
　そこで本書は，循環型社会を形成するために考慮すべきさまざまな側面を理解・評価するための手法の基礎について，わかりやすく，かつ簡潔に解説することを意図して編集した．これらの手法は，社会的・経済的に実行可能な対応策を立案し，その結果を評価するための尺度を与えてくれるものである．
　まず第1章では，循環型社会とは何か，ということについて，その背景や定義について解説する．さらに第2章で，物質フロー分析について解説し，私達の社会の物質の流れの把握の仕方について学び，現状と問題点を検証する．次に私達の健康や生態系への影響を評価するツールや手続きとして，第3章では，道路や発電所，廃棄物処理施設等，私達の生活に必要な施設を建設，運営する際の環境影響を低減することを目的とした環境影響評価について，第4章では，化学物質による環境リスクを解析評価するリスクアセスメントについて解説を行う．そして製品やシステムの環境負荷を定量的に評価するツールであるライフサイクルアセスメントについて第5章で学び，第2章から第5章にかけての環境負荷や環境影響の評価結果をもとに実行可能な対策を検討，選定するための手法として，第6章で，費用と便益の解析，第7章で，環境管理について学ぶ．

はじめに

　これまで，循環型社会を形成するために必要なこれら評価手法について網羅して書かれた書籍はなかった．本書では私達の社会の物質の流れから，各種環境影響の科学的な解析評価手法および環境マネジメントに関する基礎を学ぶことができるので，環境問題，廃棄物問題を学ぶ学生はじめ，循環型社会に興味を持つすべての学生や市民，循環型社会形成推進に携わるNGO，NPO，そして自治体や企業に働く人々にも読んで頂きたいと考えている．

　また，本書を大学講義等のテキストとしても使えるよう，演習問題を各章末に加えるとともに，北海道大学の「循環資源評価学」，岡山大学の「環境影響評価学」の講義内容を盛り込んでいる．同じく，北海道大学における講義内容に基づき発刊された既刊姉妹図書「（リサイクル・適正処分のための）廃棄物工学の基礎知識」（田中信壽編著，技報堂出版，2003.7）と本書と同時出版の「循環型社会への処方箋－資源循環と廃棄物マネジメント」（田中勝編著，中央法規出版，2007.3）を併せてご活用いただきたい．

　本書執筆にあたっては，章末に「引用・参考文献」として掲げた多くの図書，ホームページ，資料を参照した．著作者の皆様に厚くお礼を申し上げる．これらの文献は，各章の内容に関してより理解を深めるための良質な情報源であるので，読者にも活用して頂きたい．

2007年2月

田中　勝

目　次

第1章　循環型社会とは何か？ ... 1
1.1　循環型社会構築の必要性とその背景 ... 1
1.1.1　資源消費の抑制と環境負荷の低減 ... 1
1.1.2　持続可能な開発 ... 1
1.1.3　我が国における資源循環 ... 3
1.1.4　循環型社会とは何か？ ... 6
1.1.5　循環型社会形成推進基本法 ... 8
1.2　求められるライフスタイルの変革 ... 9
1.2.1　21世紀型のライフスタイルが目指すべき目標 ... 9
1.2.2　物の豊かさから心の豊かさへ ... 10
1.2.3　人々の意識を変えるために ... 12
1.3　指標の必要性 ... 13
1.3.1　指標の意義 ... 13
1.3.2　指標開発：世界の取組み ... 14
1.3.3　循環型社会へ向けた指標と取組み目標 ... 16

第2章　物質フロー分析 ... 21
2.1　マテリアルフロー分析（MFA） ... 21
2.1.1　MFAの概要 ... 21
2.1.2　MFAの目的 ... 23
2.1.3　MFAの手順 ... 24
2.1.4　隠れたフロー ... 26
2.2　サブスタンスフロー分析（SFA） ... 26
2.3　持続可能性に関連する評価指標 ... 28
2.3.1　ファクター X ... 29

2.3.2　MIPS 30
2.3.3　エコロジカル・フットプリント 31
2.4　分析例, 応用例 33
2.4.1　国と地域のマテリアルフロー 33
2.4.2　産業部門のマテリアルフロー 36
2.4.3　サブスタンスフロー分析の事例 41

第3章　環境影響評価（環境アセスメント） 47
3.1　環境影響評価 47
3.1.1　環境影響評価法 47
3.1.2　環境影響評価の項目 48
3.1.3　環境影響評価の対象となる事業 49
3.1.4　環境影響評価の手続き 50
3.1.5　環境影響の予測手法 54
3.1.6　評価の考え方 57
3.2　生活環境影響調査 58
3.3　環境アセスメント事例－海面埋立処分場における環境アセスメント－　60
3.3.1　事業の概要 60
3.3.2　環境影響評価の項目 61
3.3.3　現況調査・予測および評価の結果 62

第4章　リスクアセスメント 69
4.1　リスクの概念とリスク認知 70
4.1.1　リスクの概念 70
4.1.2　私たちが感じるリスク－リスク認知とは－ 71
4.2　リスクアセスメント 77
4.2.1　有害性（ハザード）の同定 78
4.2.2　エンドポイントの決定 78
4.2.3　曝露評価 79
4.2.4　用量–反応関係の把握 81
4.2.5　リスク算定とリスク判定 83
4.2.6　不確実性解析 84

4.3 リスクマネジメント 84
　4.3.1 リスクマネジメントとは？ 84
　4.3.2 リスクマネジメントのプロセス 85
　4.3.3 環境リスクのリスクマネジメント 89
4.4 リスクコミュニケーション 91
　4.4.1 リスクコミュニケーションとは？ 91
　4.4.2 リスクコミュニケーションの手続き 92
　4.4.3 リスクコミュニケーションでやりとりされる情報 93
　4.4.4 リスク比較 93
　4.4.5 リスクコミュニケーションの形態 94
4.5 リスクアセスメントの事例－ダイオキシン類のリスク評価－ 95

第5章　ライフサイクルアセスメント 103
5.1 ライフサイクルの概念 103
　5.1.1 ライフサイクルの考え方 103
　5.1.2 ライフサイクルの例 104
　5.1.3 隠れた部分の評価 105
　5.1.4 LCA 評価の対象 106
5.2 LCA の手順 107
　5.2.1 プロセスフローの把握 107
　5.2.2 システム境界の設定 108
　5.2.3 インベントリ作成 109
　5.2.4 複数製品の比較 110
5.3 インベントリ分析の実際的方法 111
　5.3.1 インベントリの作成 111
　5.3.2 LCA 原単位 113
　5.3.3 リサイクルの効果 114
　5.3.4 ストックの LCA 116
5.4 インパクト分析 116
　5.4.1 ISO における LCA の規定 116
　5.4.2 インパクト分析の手順 117
　5.4.3 統合化手法の分類 118

  5.4.4 統合化手法の問題点 119
 5.5 LCA の研究事例 120
  5.5.1 飲料容器の LCI 120
  5.5.2 廃棄物処理の LCA 124

第 6 章 費用と便益の分析 129
 6.1 費用と便益 129
  6.1.1 便益の計測方法 129
  6.1.2 費用–便益の関係 131
  6.1.3 費用便益分析 132
  6.1.4 費用の外部性 133
 6.2 環境会計 134
  6.2.1 環境会計の概要 134
  6.2.2 環境保全コスト 135
  6.2.3 環境保全効果 138
  6.2.4 環境保全対策による経済効果 138
 6.3 環境管理会計 139
  6.3.1 環境管理会計の手法 139
  6.3.2 ライフサイクルコスティング 140
  6.3.3 マテリアルフローコスト会計 142
 6.4 環境の経済価値評価 143
  6.4.1 環境価値の分類 143
  6.4.2 環境評価手法の分類 144
  6.4.3 トラベルコスト法とヘドニック法 145
  6.4.4 仮想評価法 146
  6.4.5 コンジョイント分析 147
 6.5 費用–便益の評価例 149
  6.5.1 鉄道の費用便益分析 149
  6.5.2 河川環境整備の仮想評価法による評価 151
  6.5.3 家庭用浄水器のコンジョイント分析 152

第 7 章　環境管理と社会的責任 157

7.1　環境管理の必要性 157
- 7.1.1　企業の環境責任 157
- 7.1.2　環境マネジメントシステム規格 158
- 7.1.3　ISO 14000 シリーズ 159

7.2　ISO 認証の手順 163
- 7.2.1　EMS の要求事項と PDCA サイクル 163
- 7.2.2　認証手続き 164
- 7.2.4　認証取得状況と取得のメリット 166

7.3　環境報告書 168
- 7.3.1　環境報告書の必要性 168
- 7.3.2　環境報告書の機能 168
- 7.3.3　記載事項 169
- 7.3.4　環境報告書の作成状況 170

7.4　企業の社会的責任 171
- 7.4.1　トリプルボトムライン 171
- 7.4.2　社会的側面に関する概念 172
- 7.4.3　持続可能性報告書ガイドライン 174
- 7.4.4　社会的責任投資 175

7.5　環境報告書の例 176
- 7.5.1　トヨタ自動車サステナビリティ・レポート（製造業） 176
- 7.5.2　イオン環境・社会報告書（小売業） 178
- 7.5.3　NHK（日本放送協会）環境報告書（放送業） 179

索　引 183

編著者　田中　勝
執筆者　第1章　田中　勝
　　　　第2章　角田芳忠
　　　　第3章　田中　勝
　　　　第4章　田中　勝，石坂　薫
　　　　第5章　松藤敏彦
　　　　第6章　松藤敏彦
　　　　第7章　松藤敏彦

第1章　循環型社会とは何か？

❖1.1　循環型社会構築の必要性とその背景

❖1.1.1　資源消費の抑制と環境負荷の低減

　20世紀後半は大量生産・大量消費・大量廃棄型の社会と言われている．それによってさまざまな環境問題が国内外で引き起こされてきた．日本国内では高度成長期に公害問題を克服したあとは，ライフスタイルの変化によって廃棄物等が多様化し，その処理が困難となった．また，不法投棄など不適正処理による環境汚染や，廃棄物の最終処分場のひっ迫等が社会的な問題となっている．世界に目を向けると，天然資源の枯渇への懸念や，化石燃料の使用による地球温暖化問題など，国境を越えた地球規模での環境問題が懸念されている．以上のことから，今後の社会づくりで克服すべき課題として，①天然資源の消費を抑制，②環境負荷の低減，の2つが挙げられる．

　この2つの課題を克服するために，私たちは

　①3R（発生抑制，再使用，再生利用）の取組みの推進
　②適正処理の推進，最終処分場の確保，不法投棄現場の原状回復等

に取り組んでいく必要がある．

❖1.1.2　持続可能な開発

　こうした取組みのキーワードとして，「持続可能な開発」（Sustainable Development）がある．持続可能な開発とは，「将来の世代のニーズを満たす能力を損なうことなく，今日の世代のニーズを満たすような開発」を指す．「環境と開発に関する世界委員会」（委員長：ブルントラント・ノルウェー首相（当時））が1987年に公表した報告書「Our Common Future」の中心的な考え方として取り上げた概念で，環境と開発を互いに反するものではなく共存し得るものとしてとらえ，環境保全を考慮した節度ある開発が重要であるという考えに立つものである[1]．オゾン層の破壊，地球温暖化，熱帯林の破壊や生物の多様性の喪失など急速に深

第 1 章　循環型社会とは何か？

表 1.1　持続可能な開発に向けた国際社会及び日本の取組み

1. 「国連環境開発会議」（ブラジルのリオデジャネイロで開催された地球サミット）1992 年
環境分野での国際的な取組みに関する行動計画である「アジェンダ 21」を採択．
同会議には，182 カ国及び EC，その他多数の国際機関，NGO 代表などが参加した．
2. 「国連環境特別総会」（UNGASS）1997 年
「アジェンダ 21」の一層の実施のための計画を採択．
3. 「持続可能な開発に関する世界首脳会議」（ヨハネスブルグ・サミット）2002 年
(1) アジェンダ 21 の見直しや新たに生じた課題などについて議論がなされ，成果文書として，首脳の持続可能な開発に向けた政治的意思を示す文書である「持続可能な開発に関するヨハネスブルグ宣言」と，持続可能な開発を進めるための各国の指針となる包括的文書である「ヨハネスブルグ実施計画」が採択された．
(2) アナン国連事務総長は，ヨハネスブルグ・サミットに際し，水（Water），エネルギー（Energy），保健（Health），農業（Agriculture），生物多様性（Biodiversity）の 5 分野を重視し，各々の頭文字を取って，「WEHAB」と呼び，それぞれの分野について次のとおり指摘した．
　① 水：10 億人の人々が安全な飲料水を得ていない．20 億人以上の人々が適切な衛生設備を持っていない．毎年 200 万人の子供達が水に関連した疾病で死亡している．アクセスを改善する必要がある．
　② エネルギー：20 億人がエネルギーを享受していない．再生可能エネルギーの利用を増やす必要がある．各国は京都議定書を締結すべきである．
　③ 保健：年間 300 万人が大気汚染を原因に死亡している．マラリア等の熱帯病は汚染された水と不衛生に密接に関連している．貧困層の病気の研究が重要．
　④ 農業：世界の農業用地の 3 分の 2 が劣化していると見られる．農業生産を高めることが必要．
　⑤ 生物多様性：世界の熱帯雨林とマングローブの半分が破壊された．このような過程を逆転させる必要がある．
4. ヨハネスブルグ・サミットのフォローアップ
(1) 持続可能な開発委員会（CSD）
　・1992 年の地球サミットで設置が決まった国連組織である CSD は，アジェンダ 21 の実施進捗振りの監視及び見直しを行うことなどを主な目的としている．
　・2003 年 5 月に開催された第 12 会期で，2004 年以降 2 年を 1 サイクルとし，中心的に取り上げるテーマ群と各サイクルで取り上げる分野の横断事項を決定した．第 1 サイクル（2004–2005 年）は，水，衛生等，第 2 サイクルはエネルギー等．
(2) 日本の取組み
ヨハネスブルグサミットにおいて小泉前首相は持続可能な開発にとって，人づくり，教育の重要性を強調した「小泉構想」（開発・環境面での人材育成等の具体的支援策）の実施を通じた日本の貢献の決意を表明，今後政府はそれを着実に実施していく考えであり，主なものの現状は次のとおり．
　① 「国連持続可能な開発のための教育の 10 年」：ユネスコと各国政府との連携による持続可能な社会へむけた教育の促進
　② 持続可能な生産・消費形態への転換：ヨハネスブルグ実施計画に基づき我が国が策定する持続可能な生産形態への転換を加速するための 10 年間の枠組みとして「循環型社会形成推進基本計画」を 2007 年 3 月に閣議決定した．
　③ 水：160 億円の水資源無償資金協力の創設，低金利の円借款制度の運用，上下水道における人材育成実施などを盛り込んだ包括的な支援策である「日本水協力イニシアティブ」を発表，更に，米や仏とこの分野での協力に合意し，他国や国際機関との連携をより深めていく方針．
　④ 森林：アジアにおける持続可能な森林経営の促進，違法伐採問題への取組み
　⑤ 防災：持続可能な開発の諸課題を達成するための前提としての，災害の予防，対策準備，被害拡大防止への取組み強化

外務省 HP「持続可能な開発」
　　　　http://www.mofa.go.jp/mofaj/gaiko/kankyo/wssd/wssd.html より作成

刻化する地球環境問題に対応するため 1992 年にブラジルのリオデジャネイロで開催された国連環境開発会議（地球サミット）では中心的な考え方として，「環境と開発に関するリオ宣言」や「アジェンダ 21」に具体化されるなど，今日の地球環境問題に関する世界的な取組みに大きな影響を与えるものとなった．

表 1.1 に，地球サミット以降の持続可能な開発に関する世界の取組みを示す．地球サミットが開かれた 10 年後，2002 年 9 月には，「持続可能な開発に関する世界首脳会議」（WSSD，「ヨハネスブルグ・サミット」）が開催され，アジェンダ 21 の見直しや持続可能な開発を進めるにあたって新たに生じた課題などについて議論が行われた．その成果として貧困撲滅，持続可能でない生産消費形態の変更，天然資源の保護と管理，持続可能な開発を実現するための実施手段，制度的枠組みといった「ヨハネスブルグ実施計画」が採択され，持続可能な開発を進めるための各国の指針となっている．我が国でも，ヨハネスブルグ・サミットのフォローアップとして，持続可能な開発のための教育，持続可能な消費形態への転換，水資源の保全，森林資源の保全，防災等の取組みを推し進めている．

以上のように，今や持続可能な開発は，世界共通の目標となっている．日本では，環境基本法の第 4 条（表 1.2）等において「持続的発展が可能な社会」という表現で持続可能な開発を基礎とする社会作りを目指すことが示されている．この「持続的発展が可能な社会」の具体的な姿として，現在の日本では「循環型社会」という言葉が用いられている．日本が目指す循環型社会．その姿を考える前に，まず現在の日本の資源循環がどうなっているかを確認したい．

表 1.2 環境基本法第 4 条（環境への負荷の少ない持続的発展が可能な社会の構築等）

環境基本法　第 4 条
環境の保全は，社会経済活動その他の活動による環境への負荷をできる限り低減することその他の環境の保全に関する行動がすべての者の公平な役割分担の下に自主的かつ積極的に行われるようになることによって，健全で恵み豊かな環境を維持しつつ，環境への負荷の少ない健全な経済の発展を図りながら持続的に発展することができる社会が構築されることを旨とし，及び科学的知見の充実の下に環境の保全上の支障が未然に防がれることを旨として，行われなければならない．

❖1.1.3　我が国における資源循環 [3]

図 1.1 は資源循環の姿を最も単純に示したものである．私たちが朝起きて夜寝るまで，普段生活をする際には，さまざまな製品を使い，それを動かすためのエネルギーを使用する．またその製品を作り，流通させるためにはさまざまな資源

第 1 章 循環型社会とは何か？

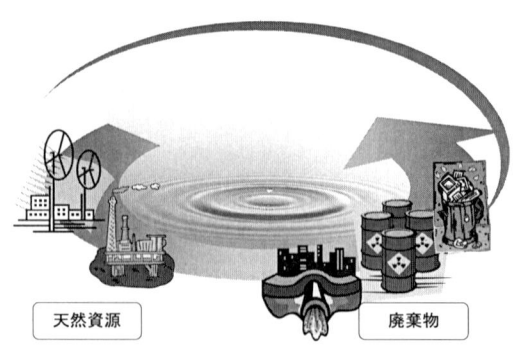

図 1.1 廃棄物は天然資源消費のバロメーター

とエネルギーが消費される．家庭と産業で資源が消費され，その結果生じるのが廃棄物である．つまり廃棄物は天然資源消費のバロメーターと言える．実際には資源はそのまま廃棄物になるのではなく，再使用やリサイクルされて，それでも再生不能な資源が廃棄物として排出される．再使用やリサイクル等，資源を再び利用することを，循環利用と言う．我が国では，2003 年には 19.8 億 t の総物質が投入され，その半分が建築や社会インフラなどの形で蓄積され，また，製品等の形で輸出されたり，エネルギー消費，廃棄物等という形態で環境に排出されるが，この物質収支には，次の問題点が見られる（図 **2.7** 参照）．

1) 総物質投入量が高水準
10 年前の総物質投入量より，やや減少傾向はあるが，依然として量が多い．
2) 天然資源投入量が高水準
国内，輸入をあわせて 17.6 億 t と推計されるが，この中には，隠れたフロー（**2.1.4** 参照）が含まれておらず，実際はもっと膨大な量になる．資源生産性を高め，現在の資源採取の水準をさらに減らす必要がある．
3) 資源，製品等の流入量と流出量がアンバランス
日本に入ってくる資源や製品に比べて，出て行く製品等の物質量は約 6 分の 1，アンバランスな状態が生じている．
4) 循環利用量の水準が低い
総物質投入量 19.8 億 t に対して，循環利用されるのは 2.2 億 t で，総物質投入量の 1 割に過ぎない．循環型社会を形成していくためには，この割合を適切な形でいっそう高めていく必要がある．
5) 廃棄物等の発生量が高水準

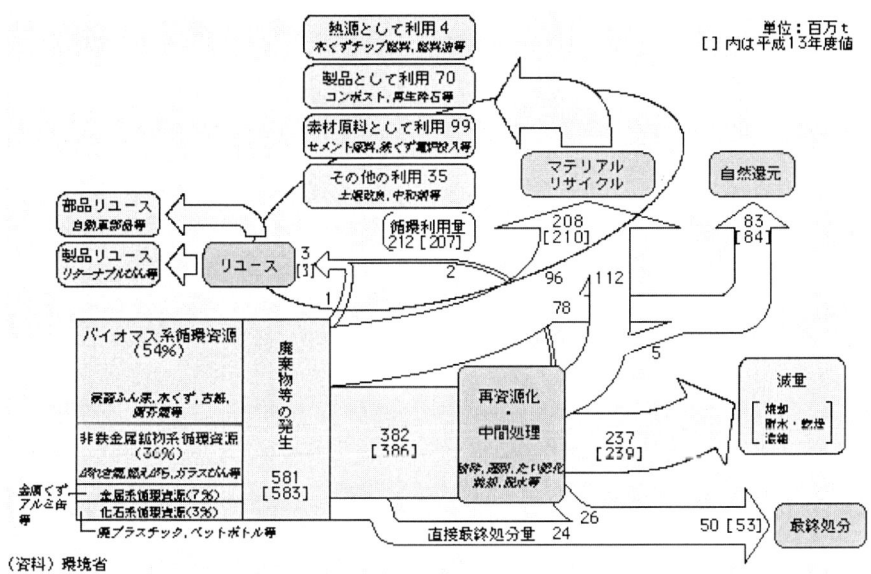

図 1.2 日本における循環的な利用の概観（2002 年度）

6) エネルギー消費が高水準
7) 資源採取に伴って生じる隠れたフローが多い

国内では 7.4 億 t（採取（10.9 億 t）の 0.68 倍），諸外国では 28.8 億 t（採取（7.1 億 t）の 4.1 倍）の計 36.2 億 t の隠れたフロー（**2.1.4** 参照）が生じていると推計されており，これは全体で見ると，天然資源等投入量の 2 倍程度と膨大な量になる．

今後は，循環利用率を高めてバージン資源の消費と廃棄物の発生量を低減することが必要であると言える．では，日本における循環利用はどのように行われているのだろうか？ その模式図を図 1.2 に示す．廃棄物等が発生すると，一部は肥料などとして農地等に自然還元される．また，ビールびんや牛乳びんなどのリターナブルびんやタイヤは再使用（リユース）されたり，がれき類や鉱さいなどは非金属鉱物系資源の代替原料として利用され，材料として再生利用（マテリアルリサイクル）される．さらに，廃棄物等の焼却処理の際に熱の回収（サーマルリサイクル）がされ，熱源や電力として利用される．上記のようなリユースやリサイクルの循環利用を経て，その他の再生利用不可能な廃棄物は焼却・脱水等の中間処理による減量処理を経て，最終処分される．

図 1.3 は廃棄物分類別の循環利用，処分状況を示している．家畜糞尿，木くず，古紙，厨芥類等のバイオマス系循環資源は廃棄物発生量全体の 54％を占める．水分と有機物を多く含むので，焼却や脱水による減量化の割合が高い．発生量の 14％は農業でのたい肥，飼料，レンガ等の原料として循環利用されている．がれき類，燃えがら，ガラスびん等の非金属鉱物系循環資源は，廃棄物発生量全体の 36％を占めている．無機物で，性状的に安定していることから，循環

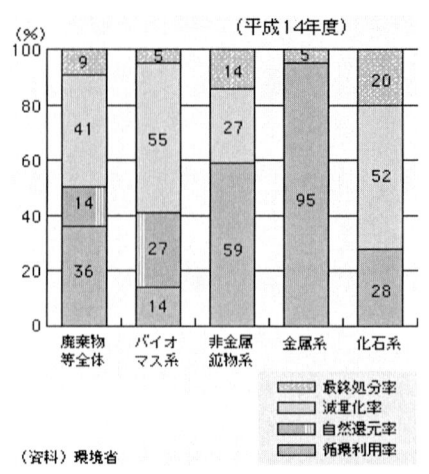

図 1.3 循環資源別の処分・利用状況（2002 年度）

利用率が高い．しかし，一方で最終処分される割合も高い．循環利用率は 59％で，主に路盤材や骨材，セメント原料などの建設分野で循環利用されている．金属くず等の金属系循環資源は，廃棄物発生量の 7％を占める．従来から回収・再生利用のシステムが構築されていることから 95％と非常に高い循環利用率を示している．廃プラスチック，ペットボトル等の化石系循環資源は，廃棄物発生量全体の 3％を占めている．この循環資源は，焼却による減量化の割合が高い．循環利用率は 28％で，主に建設資材や鉄鋼業での還元剤として利用されている．

自然環境は大気・水・土壌・生物等の間を物質が循環し，生態系が微妙な均衡を保つことにより成り立っている．持続可能な発展を達成し，循環型社会を構築するためには，究極的にはこうした自然界の均衡を崩さないように，自然の循環と経済社会の循環のバランスを保ちつつ，資源の採取や廃棄物のマネジメントを行う必要がある（図 1.4）．

❖1.1.4　循環型社会とは何か？

では，私たちが目指す循環型社会とはどのようなものなのだろうか？　循環型社会の定義についてはさまざまなものが示されている．

2000 年に交付された循環型社会形成推進基本法では以下のように表されている．
「発生した廃棄物等についてはその有用性に着目して"循環資源"として捉え直し，その適正な循環的利用（再使用，再生利用，熱回収）を図るべきこと，

図 1.4　自然の循環と経済社会の循環
出典：環境省，平成 13 年度環境白書 (2001)

循環的利用が行われないものは適正に処分することを規定し，これにより天然資源の消費を抑制し，環境への負荷ができる限り低減される社会」

内閣府の循環型経済社会に関する専門調査会は，将来日本が目指すべき社会を循環型経済社会と呼称し，その報告書の中で循環型経済社会は

- あらゆる分野で環境保全への対応が組み込まれている
- 資源が無駄なく活用される
- 環境を指向した制度やルールが市場に組み込まれている
- 活発な技術革新が行われている
- 生産，消費，雇用の拡大がなされている

以上のような条件を満たす社会であるとしており，天然資源の採取量の抑制，環境への負荷の低減，持続可能な経済成長の3つのビジョンを示している[4]．循環型社会形成推進基本法が示す循環型社会よりも，より経済発展を重視したものと言えるだろう．

筆者は「循環型社会」は，以下のような条件を満たす社会であると定義する．

- 環境効率性を重視する産業の発展により，環境配慮型製品やサービスの供給が行われている
- 市民は生活のペースをスローダウンし，モノを修理しつつ，大事に使う生

活スタイルへ変革がなされている
- 高度化した動脈と静脈の融合により，廃棄物の物質回収やエネルギー回収が地域や時代により合理的に選択されている
- 上記の取組みによりエネルギー資源の保全や環境負荷の低減が効率よく図られている

　循環型社会と聞くと，廃棄物を徹底的にリサイクルさえすればよい，と捉えている人が多いかもしれないが，それは大きな誤解である．製品の生産を担う動脈産業において環境配慮が徹底されること，私たちのライフスタイル自体を変革することなど，モノの生産・消費のステージの役割は非常に大きいと言える．そのためには産業界・行政・市民や市民団体等，社会を構成するあらゆる主体の協力が不可欠となる．

❖**1.1.5　循環型社会形成推進基本法**

　我が国では，循環型社会の形成を推進するために，2000年に循環型社会形成推進基本法（循環型社会基本法）が制定され，2001年に全面施行された．**表 1.3** に同法の概要を示す．同法の特徴としては，形成すべき循環型社会の姿を明確に提示していること，法の対象となる廃棄物等のうち有用なものを「循環資源」と定義していること，国，地方公共団体，事業者および国民の役割分担を明確にしていること，循環型社会の形成のための国の施策を明示していること，等が挙げられる．

　また，循環型社会基本法第15条では，政府において，循環型社会の形成に関する基本的な計画として，循環型社会形成推進基本計画（循環型社会基本計画）を定めることとされている．循環型社会基本計画は，循環型社会基本法で定められた基本的な考え方と各個別施策との橋渡しとしての役割を担い，循環型社会の形成に関する施策の総合的，計画的な推進のための中心的な仕組みである．

　循環型社会基本計画を定める手続きは，具体的にこのように規定され，基本計画の策定にあたっては，国民の幅広い意見を反映させていくことが重要であり，中央環境審議会におけるヒアリングや国民意見の聴取（パブリック・コメント）などを活用することとされている．

表 1.3 循環型社会形成推進基本法の概要

1. 形成すべき「循環型社会」の姿を明確に提示
   「循環型社会」とは，①廃棄物等の発生抑制，②循環資源の循環的な利用及び③適正な処分が確保されることによって，天然資源の消費を抑制し，環境への負荷ができる限り低減される社会．
2. 法の対象となる廃棄物等のうち有用なものを「循環資源」と定義
   法の対象となる物を有価・無価を問わず「廃棄物等」とし，廃棄物等のうち有用なものを「循環資源」と位置づけ，その循環的な利用を促進．
3. 処理の「優先順位」を初めて法定化
   ①発生抑制，②再使用，③再生利用，④熱回収，⑤適正処分との優先順位．
4. 国，地方公共団体，事業者及び国民の役割分担を明確化
   循環型社会の形成に向け，国，地方公共団体，事業者及び国民が全体で取り組んでいくため，これらの主体の責務を明確にする．特に，
   ① 事業者・国民の「排出者責任」を明確化．
   ② 生産者が，自ら生産する製品等について使用され廃棄物となった後まで一定の責任を負う「拡大生産者責任」の一般原則を確立．
5. 政府が「循環型社会形成推進基本計画」を策定
   循環型社会の形成を総合的・計画的に進めるため，政府は「循環型社会形成推進基本計画」を次のような仕組みで策定．
   ① 原案は，中央環境審議会が意見を述べる指針に即して，環境大臣が策定．
   ② 計画の策定に当たっては，中央環境審議会の意見を聴取．
   ③ 計画は，政府一丸となった取組を確保するため，関係大臣と協議し，閣議決定により策定．
   ④ 計画の閣議決定があったときは，これを国会に報告．
   ⑤ 計画の策定期限，5年ごとの見直しを明記．
   ⑥ 国の他の計画は，循環型社会形成推進基本計画を基本とする．
6. 循環型社会の形成のための国の施策を明示
   ○ 廃棄物等の発生抑制のための措置
   ○ 「排出者責任」の徹底のための規制等の措置
   ○ 「拡大生産者責任」を踏まえた措置（製品等の引取り・循環的な利用の実施，製品等に関する事前評価）
   ○ 再生品の使用の促進
   ○ 環境の保全上の支障が生じる場合，原因事業者にその原状回復等の費用を負担させる措置
等

❖1.2 求められるライフスタイルの変革

❖1.2.1 21世紀型のライフスタイルが目指すべき目標

20世紀は，使い捨ての時代，大量生産・大量廃棄の時代だった．それを今後循環型社会に変えていくには，私たちの暮らし方＝ライフスタイル自体を変えていく必要がある．図1.5に，2003年における日本の部門別二酸化炭素排出量の割合を示す[5]．これを見ると，日本の二酸化炭素排出量のうち，約3割は民生部門から排出されている．産業部門ではエネルギー効率の向上がたゆまず続けられてお

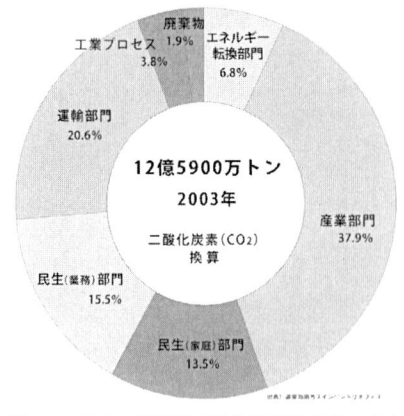

図 1.5 日本の部門別二酸化炭素排出量の割合(2003 年)
出典：全国地球温暖化防止活動推進センター：
http://www.jccca.org/education/datasheet/03/data0304_2003.html

表 1.4 21世紀型の暮らし，豊かなライフスタイルとは？

暮らしの質	→ 現状維持または向上
資源・エネルギー消費	→ Down
廃棄物量	→ Down
有害物質排出量	→ Down
↓	
環境負荷を低減しつつ豊かな暮らし	

り，今後技術革新が進まない限り大幅なエネルギー効率の向上は見込めないことから，日本の二酸化炭素排出量を削減するためには民生部門の排出量を削減するしかない，と言われている．このことからも，私たちのライフスタイルの変革は，循環型社会形成のために非常に重要なことといえる．

では，今後求められるライフスタイルとは，一体どのようなものなのだろうか？表 1.4 にその大まかな目標を示す．まず，持続可能な発展，という観点からは暮らしの質は，現状維持または向上させることが求められるだろう．現実問題として，人々から一度体験した快適さを奪うことは非常に難しいからである．それを前提に，資源・エネルギーの消費の削減，廃棄物量の削減，そして有害物質排出量の削減を行い，社会全体として環境負荷を低減したものにする，というのが 21 世紀型のライフスタイルが目指すべき目標といえる．

❖1.2.2 物の豊かさから心の豊かさへ

そうした社会を形成するにあたっては，人々の環境への意識を変化させ，自分たちのライフスタイルに対する発想を転換させる必要がある．そのためには，まず第一に私たちが利益を享受できる地球環境は有限なものであり，資源を有効に使わなければ私たちの暮らしはたちゆかなくなる，という問題意識を明確に持つことが重要であるといえる．次に大量生産，大量消費のシステムを見直し，省資源とごみの発生抑制，再使用，リサイクルを進める必要性を認識すること等が必

要となる．環境省が人々の環境意識の啓発のために作成したパンフレット「環のくらし」には，今後新たなライフスタイルへ向けて必要な変革として以下の項目を挙げている．

- 地球環境は「無限なもの」から「有限なもの」へ
（「環境容量」意識の明確化）
- 「大量消費」から「3R（リデュース，リユース，リサイクル）& Rethink（あらためて考えてみる）」へ
- 「モノの豊かさ」から「心の豊かさ」へ
- 「所有」から「共有」へ（レンタルの発想）
- 商品は「量」から「質」へ
- エコライフは「質素」から「おしゃれでかっこいい」へ
- 家庭やコミュニティーは「帰って寝るところ」から「暮らしの中心」へ

これを見てもわかるように，「暮らしの質」の評価軸自体を転換し，今後は物理的な豊かさよりも，心の豊かさを指向する意識を醸成することが必要であるとい

表 1.5 今すぐ実践できる環境を大切にするライフスタイル

省エネルギー・省資源	
●電気・ガスの節約（こまめな節電，適切な冷暖房温度，自然の空調を活用，家族同じ部屋で団らん）	●家族や友人と食卓を囲む
●節水（お風呂の残り湯を洗濯に）	●食べ残しをしない習慣
●省エネ機器，環境配慮型製品の購入	●調理くずをできるだけ減らす
●ごみの減量，リサイクル（買い物袋を持ち歩く）	**交通・レジャー**
●借りられるモノは借りて	●エコドライブ（アイドリングストップ，空ぶかしをしない，燃費の良い走り）
●リサイクルショップなどの活用	●新たにくるまを購入する際，低公害車，低燃費車を選ぶ
●夏季の早寝早起き	●グリーン・ツーリズム（豊かな自然の中での暮らしを体験）
衣服	●旅行は公共交通機関で
●季節に調和した服装（夏季のノーネクタイ）	●近所の移動は徒歩や自転車で
●年に一度タンスの中身を整理し，一年中着なかった服はリサイクルへ	●ゴールデンウィークやお盆などの時期はずらして休暇をとる
●流行を追うだけでなく，長持ちする衣服を選ぶ	**仕事**
●手作りや修繕を大切にしていく	●テレワークで通勤を最小限に
●「おさがり」を活用	●コミュニティ活動やボランティア活動への参加を会社が奨励
食べ物	●ペーパーレス・コミュニケーション
●地場で旬の生産物を購入（地産地消）	**社会への働きかけ・ボランティア**
●スローフード	●あなたのお金の使われ方（銀行等）を考える
●無農薬・有機栽培の食材を購入	●グリーン購入，グリーンコンシューマー
●ベランダや庭で有機栽培を作る	●環境ボランティアへの参加
	●社会の一員として，まちづくりへの参加

出典：環境省，環のくらし HP，http://www.wanokurashi.ne.jp/intro/life/index.html

える．また「環のくらし」には，環境を大切にするには市民が日常生活でどのような行動をすべきかを具体的に紹介しているので，表 1.5 にまとめた．

❖**1.2.3 人々の意識を変えるために**

　では，現状では人々の環境に対する意識はどの程度のものなのだろうか？ 循環型社会白書によると，環境省が平成 13 年に実施した世論調査では，ごみ問題に対する関心は約 90％の人たちが持っているものの，そのなかで実際にごみを少なくする配慮などを心懸けている人たちは約 70％で，残りの約 20％の人たちはごみの問題は深刻と思いながらも，大量消費，大量廃棄型の暮らし方となっていた．また，具体的な行動については，17 のアンケート項目のうち 50％以上の人たちが取り組んでいることは，きちんと分別をすること，資源ごみとして出すびんなどを洗うことの 2 項目であった．そのため，循環型社会形成推進基本計画では，循環型社会形成に向けた意識・行動の変化の目標として，意識の向上に伴い，実際の行動に移していくことを期待し，2000 年を基点として 2010 年までに「90％の人たちが廃棄物の減量化や循環利用，グリーン購入の意識を持ち，50％の人たちがこれらについて具体的に行動するようになること」を掲げている．

　こうした目標を掲げた場合，実際に人々の意識を変え，環境保全を指向した行動をするための方策はどう設計したらよいだろうか．図 1.6 に自治体が市民の 3R 行動（分別収集への協力等）を促進するための方策の検討例を示す．市民が実際に分別収集等の 3R 行動をするためには，資源を大切にしたい，リサイクルは社

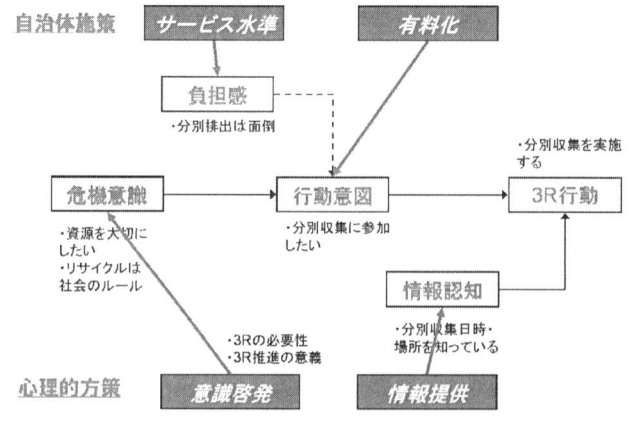

図 1.6　市民の 3R 行動促進方策の検討例

会のルールである，という「危機意識」によって，分別収集に参加したい，という「行動意図」を高め，実際に「3R 行動」を行う，という 3 段階を経る．それぞれの段階での施策としては，市民の意識に働きかける心理的方策と，市民が協力しやすいような社会システムにするという自治体施策の 2 種類が考えられる．たとえば危機意識を高めるには，3R の必要性や意義についての意識啓発という心理的方策が必要で，行動意図を高めるには分別収集頻度を増やすなどのサービス水準を向上させることで市民が行動する際の負担感を減らすこと，そしてごみ収集を有料化することでごみを減らそうとするインセンティブを付与するという自治体施策が考えられる．また，実際に 3R 行動を行う際には，分別収集日時，場所等を知っている，という状況を作るために情報提供が必要となる．以上のように，市民の意識・行動を変えるには，それに適した施策を設計，実施する必要がある．また，市民がより自発的な行動を行うためには，市民一人一人が，自分の行動が本当に資源保全に役立っているか？　という視点を持つことが必要である．そのためには自分たちの生活にどの程度の資源が消費され，その結果どの程度の環境負荷が生じているかという，物の生産から廃棄までのライフサイクル全体を考える LCA（ライフサイクルアセスメント；第 5 章参照）的視点を持てるよう，環境教育を充実する必要がある．

❖1.3　指標の必要性

❖1.3.1　指標の意義

循環型社会の形成を推進するためには，具体的な評価と，そのための指標が必要である．指標によって現時点の状態を把握することで，私たちは目標に向かってどのような方策をとるべきかを検討することができ

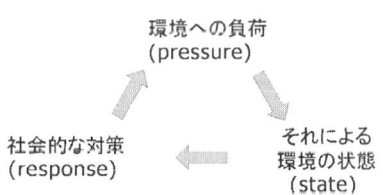

図 1.7　環境負荷の少ない社会を形成するための枠組み（OECD の PSR フレームワーク）

る．図 1.7 に，環境負荷の低い社会作りを目指す場合の指標と対策の関係を示す．まず環境負荷の現状を指標によって把握し（環境圧力：pressure の把握），現状の環境負荷の影響とそれによる環境の状態を評価し（現状：state の把握），それによって社会としてどのような対策をとるべきか検討・実施し（対応：response），その効果について環境負荷を把握することで再び評価する，というサイクルを通

じて，段階的に環境負荷の低い社会という目標に向かっていくことができる．このように指標を作成する意義の一つ目は，現在の廃棄物発生量や環境負荷はどの程度か，もしくは目標に対して現在どのくらいの達成度か，という現状把握ができることである．二つ目の意義は，様々な社会経済活動に環境への配慮を組み込むことができることである．三つ目の意義は，目標に向かってどのような方策をとるべきか，という施策の選定に役立てることができることである．

❖**1.3.2 指標開発：世界の取組み**

持続可能な開発という観点からも指標は重要な位置づけがされており，アジェンダ21の第40章においても，持続可能な開発のための指標の開発の必要性が指摘されている．そのため持続可能な開発委員会（CSD）では，経済，社会，環境等のさまざまな分野からの科学的なデータを統合し，判断・評価・分析するための指標の開発が進められている．

OECDでは，98年から2001年，2001年から2004年の2回のフェーズに分けて持続可能な開発プロジェクトが実施され，各国の持続可能な開発への取組み状況を図る指標の開発等を行っている．表1.6にOECDで開発されたコアセット指標を示す[7]．この表は，気候変動等の環境問題や人口増加率やGDP等の社会経済面等，あわせて15の項目に関して，その環境負荷と状態，それに対する対応をセットにして整理したものである．

表1.6 OECDの中心的な環境指標

環境問題	環境への負荷 (Pressure)	状態 (Condition)	対応 (Response)
1. 気候変動	○温室効果ガス排出指標 ・CO_2排出量 ・CH_4排出量 ・N_2O排出量 ・CFC排出量	○温室効果ガス大気中濃度 ○地球平均気温	○エネルギー効率 ・エネルギー集約度（一次エネルギー総供給量／GDP又は人口） ・経済及び財政手段（例：価格及び税，支出額）
2. オゾン層破壊	○オゾン層破壊物質（ODP）消費指数 ・CFC及びハロン消費量	○ODP大気中濃度 ○地表の紫外線放射量 ○成層圏オゾン濃度	○CFC回収率
3. 富栄養化	○水圏及び土壌への窒素，リン排出量→栄養物収支 ・肥料消費及び家畜からの窒素とリン	○BOD/COD（内水面／海域） ○窒素，リン濃度（内水面／海域）	○生物学的及び/又は化学的下水処理施設接続人口 ・下水処理施設接続人口 ・排水処理の使用者料金 ・無リン洗剤の市場占有率

4. 酸性化	○酸性化物質排出指標 ・NO$_x$, SO$_x$ 排出量	○水圏及び土壌における pH の臨界負荷量の超過 ・酸性降下物中の pH	○自動車触媒装置装着率 ○固定発生源脱硫・脱硝装置の能力
5. 有害汚染物質	○重金属排出量 ○有機化合物排出量 ・殺虫剤消費量	○重金属・有機化合物の環境媒体/生物中濃度 ・河川の重金属濃度	○製品，生産工程における有害物質含有量変化 ・無鉛ガソリンの市場占有率
6. 都市環境質	○都市域の SO$_x$, NO$_x$, VOC 排出量 ・都市域交通密度 ・都市域車両所有 ・都市化度（都市人口成長率，都市域土地）	○大気汚染，騒音曝露人口 ・大気汚染物質濃度 ○都市域周囲の水質	○緑地空間（都市開発から保護されている面積） ○経済，財政，規制手段 ・水処理，騒音対策のための支出額
7. 生物多様性	○さらなる開発のために自然状態からの生物生息境の改変及び土地の転換（例：道路網密度，土壌被覆変化等）	○絶滅危惧又は絶滅種の全既知種数に対する割合 ○主要な生態系の面積	○国土面積に対する自然保護区面積の割合（生態系タイプ別） ・保護されている種
8. 景観	・さらなる指標開発が必要（例：人工的要素の存在，歴史的・文化的又は審美的理由により保護された場所）		
9. 廃棄物	○廃棄物発生（一般廃棄物，産業廃棄物，有害廃棄物，核廃棄物） ・有害廃棄物の移動	─	○廃棄物最小化（さらなる指標開発が必要） ・リサイクル率 ・経済，財政手段，支出額
10. 水資源	○水資源利用強度（採取量/利用可能資源量）	○渇水の頻度，期間，程度	○水道料金，下水処理に対する使用者料金
11. 森林資源	○森林資源利用強度（実伐採量/生産能力）	○森林の面積，体積及び構成	○森林地帯管理及び保護（全森林面積のうち森林保護面積の割合，伐採面積のうち再植林による再生が成功している割合）
12. 水産資源	○漁獲量	○産卵資源量	・割り当て漁獲数量
13. 土壌劣化（浸食・砂漠化）	○浸食リスク：農業への潜在的及び実際の土地の利用量 ・土地利用変化	○表土喪失の程度	○再生面積
14. 物質資源（新しい問題）	物質資源の利用強度（物質フロー勘定と関連をもって指標が開発されるべき）		
15. 社会経済的，部門別及び一般指標（特定の環境問題に限定されない）	○人口増加率／密度 ○GDP 成長率及び構成 ○民間及び政府の最終消費支出 ○工業生産高 ○エネルギー供給の構成 ・道路交通量 ○自動車保有量 ○農業生産高	─	○環境保全支出 ・公害防止制御支出 ・公的開発支援（環境パフォーマンスレビューの経験に基づき追加された指標） ○環境問題に対する世論

注：○は当該問題に係る主要な指標，・は補完的な指標/主要な指標が直ちに測れない場合の代替指標．
出典：環境省平成18年度版環境統計集 http://www.env.go.jp/doc/toukei/contents/kaisetu.html, OECD environmental indicators より環境省が作成したもの．一部修正

❖1.3.3 循環型社会へ向けた指標と取組み目標

日本は2003年に循環型社会形成推進基本計画を閣議決定し，この中で天然資源がエネルギーとして消費されたり，廃棄物になって処分されたりする物質フロー指標と目標，そして循環型社会形成に向けた取組み目標を定めた．**表1.7**，**表1.8**にそれぞれの指標と取組み目標を示す．物質フロー目標としては，資源生産性（＝GDP/天然資源等投入量）と，循環利用率（＝循環利用量/(循環利用量＋天然資源等投入量)），そして最終処分量を設定し，社会システムの中での資源のインプットと資源の再生利用，そしてその結果としてのアウトプットが把握できるような構成となっている．また，循環型社会へ向けた国民の意識と行動，一般廃棄物・産業廃棄物の減量化，そして循環型社会ビジネスの推進・育成のためのグリーン購入，環境経営，市場拡大・育成に関してそれぞれ目標を設定し，平成22年までの達成を目指している．

表1.7 物質フロー指標と目標（目標年次：平成22年）

ア）資源生産性（＝GDP/天然資源等投入量） 　　平成22年度→約39万円/tとすることを目標 　　（平成2年度［約21万円/t］から概ね倍増，平成12年度［約28万円/t］から概ね4割向上，平成14年度は約28.9万円/t） イ）循環利用率（＝循環利用量/(循環利用量＋天然資源等投入量)） 　　平成22年度→約14％とすることを目標 　　（平成2年度［約8％］から概ね8割向上，平成12年度［約10％］から概ね4割向上．平成14年度は約10.2％） ウ）最終処分量 　　平成22年度→約28百万tとすることを目標 　　（平成2年度［約110百万t］から概ね75％減，平成12年度［約56百万t］から概ね半減．平成14年度は約50百万t）

循環型社会形成推進基本計画（2003）第3章より

2003年にパリで開かれた主要8カ国（G8）環境相会合では，日本は循環型社会形成推進基本計画で設定した資源生産性をG8共通指標にして資源の有効利用を国際的に進めること，そして循環型社会に向けた共通の指標を設けるための国際共同研究を始めることを提案した．その結果，声明案に「資源生産性を高めることが重要であり，日本の提案である経済全体の物質フロー評価について国際共同研究に着手し，共通算定システムを開発することを歓迎する」という文言が盛り込まれ，これからはG8においても指標の開発が進められると考えられる．今後は複数ある指標の統合化，および優先順位をどうするかについての検討が課題

表 1.8 循環型社会形成に向けた取組み目標（目標年次：平成 22 年）

ア）国民の意識や取組への参加等に関する目標
　約 90％の人たちが廃棄物の減量化や循環利用グリーン購入の意識（意識指標）を持ち，約 50％の人たちがこれらについて具体的に行動（行動指標）するようになることを目標とする．
イ）国民や事業者の廃棄物の削減への取組に関する目標
　① 一般廃棄物の減量化
　　1 人 1 日あたりに家庭から排出するごみの量（資源回収されるものを除く．）を平成 12 年度比で約 20％減らし，1 日あたりに事業所から排出するごみの量（資源回収されるものを除く．）を平成 12 年度比で約 20％減らす．
　② 産業廃棄物の減量化
　　産業廃棄物の最終処分量を平成 2 年度比で約 75％減らす．
ウ）循環型社会ビジネスの推進・育成に関するグリーン購入，環境経営，市場拡大・育成に関する目標
　① グリーン購入の推進
　　すべての地方公共団体，上場企業（東京，大阪及び名古屋証券取引所 1 部及び 2 部上場企業）の約 50％及び非上場企業（従業員 500 人以上の非上場企業及び事業所）の約 30％が組織的にグリーン購入を実施するようになることを目標とする．
　② 環境経営の推進
　　上場企業の約 50％及び非上場企業の約 30％が環境報告書を公表し，環境会計を実施するようになることを目標とする．
　③ 循環型社会ビジネス市場の拡大
　　循環型社会ビジネスの市場規模及び雇用規模を平成 9 年比でそれぞれ 2 倍にすることを目標とする．

循環型社会形成推進基本計画（2003）第 3 章より

となるだろう．

　現在，日本が循環型社会形成に向けて行っている国際的な取組みの一つに「3R イニシアティブ」がある．これは，日本が 2004 年に米国ジョージア州シーアイランドで開催された G8 サミットにおいて，3R（廃棄物の発生抑制（リデュース Reduce），再使用（リユース Reuse），再生利用（リサイクル Recycle））を通じて地球規模での循環型社会の構築を推進することを提案し，首脳間で合意されたものである．これを受け，3R イニシアティブを開始するための閣僚会合が 2005 年春に日本で開催され，今後具体的に取り組むべき事項として，(1) 3R の推進，(2) 物品等の国際流通に対する障壁の低減，(3) 様々な関係者間の協力，(4) 科学技術の推進，(5) 途上国との協力，が挙げられ，省エネルギー，省資源という観点からも「もったいない」の精神に則った 3R の重要性の認識が共有された．同閣僚会合において，我が国は，3R イニシアティブについての行動計画（通称：「ゴミゼロ国際化行動計画」，図 1.8）を発表し，現在，その実現に努めている．

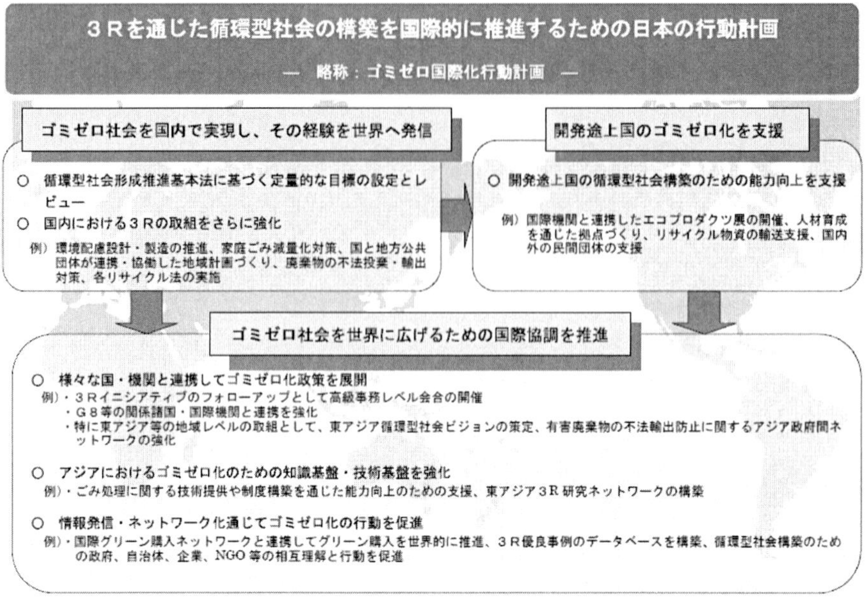

第1章 循環型社会とは何か？

3Rを通じた循環型社会の構築を国際的に推進するための日本の行動計画
― 略称：ゴミゼロ国際化行動計画 ―

ゴミゼロ社会を国内で実現し、その経験を世界へ発信
- 循環型社会形成推進基本法に基づく定量的な目標の設定とレビュー
- 国内における3Rの取組をさらに強化
  - 例）環境配慮設計・製造の推進、家庭ごみ減量化対策、国と地方公共団体が連携・協働した地域計画づくり、廃棄物の不法投棄・輸出対策、各リサイクル法の実施

開発途上国のゴミゼロ化を支援
- 開発途上国の循環型社会構築のための能力向上を支援
  - 例）国際機関と連携したエコプロダクツ展の開催、人材育成を通じた拠点づくり、リサイクル物資の輸送支援、国内外の民間団体の支援

ゴミゼロ社会を世界に広げるための国際協調を推進
- 様々な国・機関と連携してゴミゼロ化政策を展開
  - 例）・3Rイニシアティブのフォローアップとして高級事務レベル会合の開催
  - ・G8等の関係諸国・国際機関と連携を強化
  - ・特に東アジア等の地域レベルの取組として、東アジア循環型社会ビジョンの策定、有害廃棄物の不法輸出防止に関するアジア政府間ネットワークの強化
- アジアにおけるゴミゼロ化のための知識基盤・技術基盤を強化
  - 例）・ごみ処理に関する技術提供や制度構築を通じた能力向上のための支援、東アジア3R研究ネットワークの構築
- 情報発信・ネットワーク化通じてゴミゼロ化の行動を促進
  - 例）・国際グリーン購入ネットワークと連携してグリーン購入を世界的に推進、3R優良事例のデータベースを構築、循環型社会構築のための政府、自治体、企業、NGO等の相互理解と行動を促進

図 1.8 3Rイニシアティブについての行動計画（通称：「ゴミゼロ国際化行動計画」）の概要
出典：環境省：3RイニシアティブHP　http://www.env.go.jp/recycle/3r/approach.html

演習問題（第 1 章）

以下の説明文には，それぞれ誤りがある．正しい文章に訂正しなさい．

(1) 持続可能な開発とは，「将来の世代のニーズを満たす能力を損なうことなく，今日の世代のニーズを満たすような開発」を指し，環境と開発を相反するものとしてとらえ，環境保全を考慮した節度ある開発が重要であるという考えに立つものである．

(2) 2002 年に開催されたヨハネスブルグサミットでは，「持続可能な開発」の考え方が「アジェンダ 21」に具体的に盛り込まれた．

(3) 我が国では，2003 年には 19.8 億 t の総物質が投入され，その半分が建築や社会インフラなどの形で蓄積されている．そして循環利用されるのは総物質投入量の半分である．

(4) 環境基本法では，循環型社会とは「発生した廃棄物等についてはその有用性に着目して"循環資源"として捉え直し，その適正な循環的利用（再使用，再生利用，熱回収）を図るべきこと，循環的利用が行われないものは適正に処分することを規定し，これにより天然資源の消費を抑制し，環境への負荷ができる限り低減される社会」とされている．

(5) 我が国の二酸化炭素排出源を民生部門と産業部門に分けると，民生部門ではライフスタイルの変革による大幅な二酸化炭素排出量の削減が行われてきており，今後我が国の二酸化炭素排出量を削減するためには産業部門の排出量を削減するしかない，と言われている．

(6) 2003 年に閣議決定された循環型社会形成推進基本計画では，物質フロー目標として，資源生産性（＝天然資源等投入量/GDP）と，循環利用率（＝循環利用量/(循環利用量＋天然資源等投入量)），そして最終処分量を設定している．

引用・参考文献

[1] Bruntland, G. (ed.): Our common future: The World Commission on Environment and Development, Oxford, Oxford University Press, 1987
[2] 外務省, 持続可能な開発 HP, http://www.mofa.go.jp/mofaj/gaiko/kankyo/wssd/wssd.html
[3] 環境省, 平成 17 年版循環型社会白書, 2006
[4] 内閣府経済財政諮問会議,「循環型経済社会に関する専門調査会」中間とりまとめ──ごみを資源・エネルギーに, 環境にやさしく「美しい日本」を次世代へ──, 2001
[5] 全国地球温暖化防止活動推進センター, 日本の部門別二酸化炭素排出量の割合 (2003 年), http://www.jccca.org/content/view/1046/787/
[6] 環境省:ハンドブック「私の環のくらし」, 2002 年, http://www.wanokurashi.ne.jp/mat/book/handbook.pdf
[7] 環境省:平成 18 年度版環境統計集:解説「国際機関における環境指標の検討」, 2006, http://www.env.go.jp/doc/toukei/
[8] 環境省:3R イニシアティブ HP, http://www.env.go.jp/recycle/3r/approach.html

第2章 物質フロー分析

本章では，物質循環に関する定量的な評価手法についての基礎知識を学ぶことを目的として，マテリアルフロー分析（2.1），サブスタンスフロー分析（2.2），および持続可能性に関するいくつかの代表的な評価指標（2.3）を取り上げる．2.4では，さまざまの分析例，応用例を数多く紹介し，これらを通じて資源循環に関する理解を深めてもらいたい．

❖2.1 マテリアルフロー分析（MFA）

❖2.1.1 MFAの概要

マテリアルフロー分析（またはマテリアルフロー勘定（MFA：Material Flow Analysis/Accounting））とは，端的に言えば，人為的および自然の物質代謝システム（活動や現象など）を調査し，それらを記述して評価する方法である．より具体的には，図2.1に示されるように，空間と時間で定義されたある系（system）内において，投入されるもの（input），産出・排出されるもの（output），蓄積されるもの（stock）について，それらの物質流れと収支バランスを系統だててかつ定量的に把握，評価する手法である．

MFAは，環境経済学における物質代謝論にその源流があると言われている[1]．MFAに限らず，物質収支（Material Balance）の原則に立って考えることは，ある装置や設備を設計したり，さまざまなシステムを設計・評価する際などにも一般的に適用され，工学分野における最も基本的で重要な第一歩である．資源およ

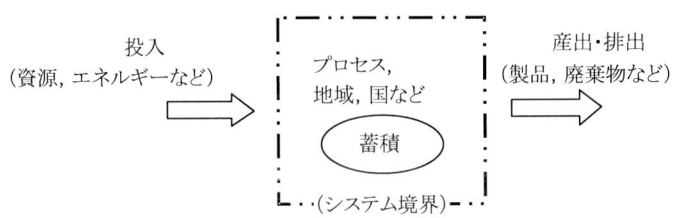

図2.1 マテリアルフロー分析の概念

び環境保全の分野だけでなく，今日ではあらゆる局面でエネルギーや環境負荷に関する考慮が欠かせなくなっているので，系の大小や分野を問わず MFA の応用範囲は広がっている．また，物質フローを考える場合，大気圏（atmosphere），水圏（hydrosphere），地圏（lithosphere）が大元の供給源（source）または最終排出先（sink）である，つまり我々の活動は常に周囲環境とのつながりが不可欠であるということを忘れてはならない．

マテリアル（material）または「モノ」とは，サブスタンス（substance）と財（good）を包括する用語である．サブスタンスは鉛や炭素などの元素，CO_2 や有害物質などの化合物を指し，これら微量成分の物質フローを対象にする場合はサブスタンスフロー分析（SFA：Substance Flow Analysis）とも呼ばれている．また，財は，製品や商品，素材，天然資源，廃棄物などを指し，一般的にはこれらを対象とする場合が MFA，微量成分を対象にする場合が SFA と考えるとわかりやすい．

ここで，MFA で用いられる主な用語を Brunner[2] の整理を参考にしながら述べておく．MFA フローチャートの一例を図 **2.2** に示す．

1) プロセス（process）：製造，処理などの変換過程や収集，輸送，さらには貯蔵などさまざまなものが当てはまる．
2) フロー（flow）とフラックス（flux）：MFA は空間と時間で定義されるので，フローは t/年，kg/日など単位時間当たりの物理量で表す．一方，フラックスは，ある地域での変化を対象とする場合に，$t/(m^2 \cdot 年)$，$kg/(人 \cdot 日)$ などのように単位面積当たりや人口当たりの変化量として用いる．
3) システム（system）とシステム境界（system boundary）：システムは単一または複数のプロセスから成り立っており，例えば，都市全体であったり，

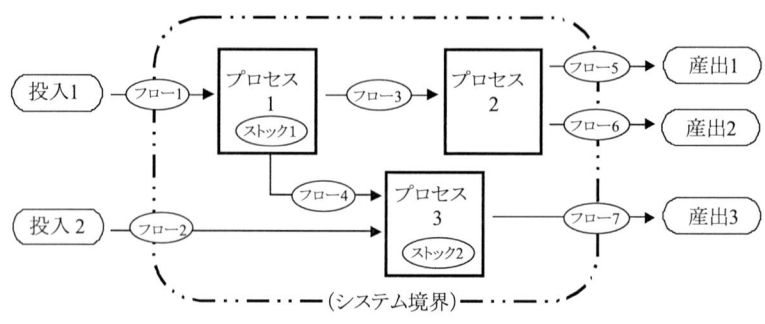

図 **2.2** MFA フローチャートの一例

地域，国であったり，また工場や工業団地の場合もある．いずれにしても，MFA においては目的に応じて空間と時間によりシステム境界をしっかり定義することが重要となる．

❖2.1.2 MFA の目的

MFA は，産業部門，環境保全，資源管理，廃棄物管理など多くの分野で利用，展開されているが，ここでは物質循環やリサイクルなど資源や廃棄物の管理面での MFA の目的，用途，効果を考えるものとし，以下のように整理できる．

1) システムの構成，全体像を把握し，かつ物質フローの大きな変化を見極めるのに役立つ．特に，そのシステムが複雑であるほど，視覚的表示方法により理解が容易となる．例えば，ある都市の廃棄物処理および再資源化システムを調べようとする場合，排出先から中間処理，再資源化プロセスを経て，最終処分や再利用先を大まかに整理して物量データとともにブロック図などで表すことにより，とりあえずその概要が把握できる．もし，プロセスが複雑な場合には，サブシステムとして個別に整理すればより理解がしやすくなる．

2) あるシステムについて管理や計画手法を決定し，設計，評価するための基本情報を得る．ある循環資源（廃棄物等として排出されるもののうち，有用なもの）をマテリアルリサイクルしようとして選別システムを構築する場合，選別プロセスはもちろんのこと，残渣処理プロセス，貯留プロセスなど付帯設備の設計のために MFA データが必要不可欠な情報となる．MFA に関する情報だけで管理手法を決めたりシステムを設計，評価できるわけではないが，MFA によって得られる情報は最も基本的な第一歩となる．

3) システム効率，経済性において優先順位の高い対象物および経路に着目することにより，より効果的なシステム設計が可能となる．フローやストックをしっかり理解しシステム全体を把握することができなければ，システム内で特に重要な資源は何か，優先すべき経路はどこかが不明となり，効果も上がらずコストもかさむという結果を招くことになる．

4) システム内のプロセスの関連性，他システムとの連携が把握しやすくなる．システムが複雑な場合ほど，MFA により内部プロセスの関連性が視覚的に捉えやすく追跡しやすくなる．また，クローズドループの場合には汚染物の蓄積も把握しやすくなる．特に，資源循環や廃棄物処理システムでは，周

囲環境ばかりでなく，ゼロエミッション構想（ある産業から排出される廃棄物を他産業の原料として利用することで廃棄物ゼロをめざそうとするもの）やエコタウン事業（環境産業による地域振興と公共部門，消費者との協働を組み合わせた環境調和型システムの構築をめざしたもの）に見られるように他産業との連携が密接になってきているのでより効果的である．
5) システム内のロスや問題点を把握し，改善の可能性を評価できる．既存システムを見直してより効率的な改善を図ろうとする場合，内部プロセスにおける損失やシステム内の問題点の抽出がしやすくなる．
6) LCAの基本情報を得ることができる．LCAは後述（第5章）するように，製品などを対象にライフサイクルにわたり，関連する物質の出入りを詳細に分析し環境負荷を把握する手法であり，MFAはLCAに不可欠な情報を与えてくれる．
7) システムの透明性，データの不確実性を明らかにするのに役立ち，システム影響要因の感度解析も可能になる．企業などの環境報告書では，事業活動による環境負荷の概要を表す手法としてMFAが応用されている．全体像を捉えることに主眼が置かれているため，投入と産出・排出だけが示され，詳細な物質フローが明らかにされているわけではないが，その企業の透明性，社会的責任を表現する一手法として有用である．また，詳細なMFAを利用した研究においては，ある物質が変化した場合のプロセスやシステム全体への影響の程度を予測するなどの応用も可能となる．

❖2.1.3 MFAの手順

MFAの作業手順は，一般的には図2.3に示すように進められる．

1) 課題の設定

どのような目的で，何を，どこまで明らかにしようとするのかを明確にする．例えば，「都市と農村におけるバイオマスの循環利用の可能性を探るために，バイオマス資源のマテリアルフローを調査し，LCA的な評価によって問題点を抽出して方策を提案する」などテーマ設定をする．

2) 対象物とプロセスの選択

対象とする物質や製品，プロセスを選択し，システム境界を決定する．調査の進捗により，必要に応じて当初選択した対象物やプロセスを追加したり，削除したりする場合もある．

2.1 マテリアルフロー分析（MFA）

```
          課題の設定
             ↓
   ●対象物(物質 or 製品)の選択
   ●プロセスの選択
   ●システム境界の決定
             ↓
       データの収集  ←──┐
             ↓          │
     フローチャートの作成 │
             ↓          │
     物質勘定と収支計算   │
             ↓          │
       計算結果の精査 ───┘
             ↓
        フローの完成
             ↓
      結果のまとめ，評価
```

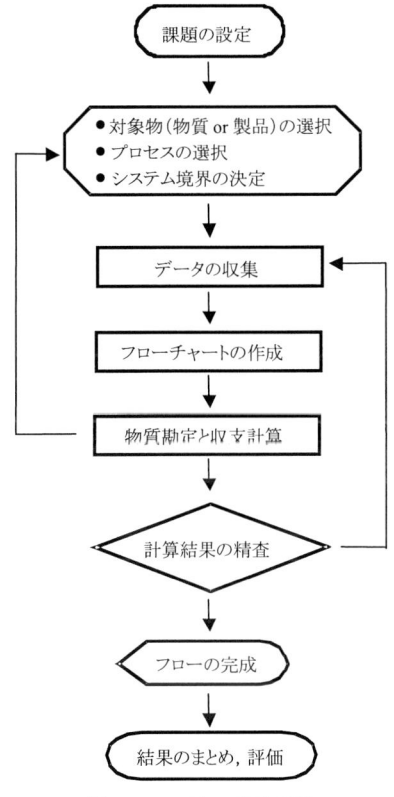

図 2.3 MFA の作業手順

3) データの収集

各種統計，文献，書籍など用いてデータを収集し，不足する場合はアンケート調査やヒアリング調査を実施して自らデータを集め，データシートを作成する．この部分が最も重要であり労力を要する．

4) フローチャートの作成

フローチャートの作成とデータの割り当てを行う．一つのシステム内のプロセス数は 10～15 程度とするのが望ましい．それ以上多くすると複雑になりプロセス間の関係が理解しにくくなるので，別途サブシステムとして分割して記述する．

5) フロー量・ストック量の計算と物質収支のチェック

インプット，アウトプットが一致し収支が合うのが望ましいが，収支が合わない場合はストック量として計上する．また，水分を多く含むものを対象とする場合

には，水分要素が抜け落ちていて大きな誤差を生むことがあるので注意を要する．

6）フロー図の完成

目的に応じて，フローチャート，大小の各種図形などを用いて視覚的に理解しやすい表現方法を工夫することが必要である．

7）まとめと評価

最初は大まかな数値または推定値を利用してとりあえず終点まで到達し，何度もこの手順を繰り返すことにより次第に精度を高めて最終完成に至るという過程をたどることになる．

❖2.1.4 隠れたフロー

鉱物などの天然資源の採取や建設工事などに伴う掘削により付随的に発生して，目的物でないために表面に現れにくいマテリアルフローが存在する．これらは隠れたフロー（hidden flow）またはエコ（ロジカル）リュックサック（ecological rucksack）と呼ばれている．

平成14（2002）年度のデータ[3]によれば，我が国の天然資源等投入量18.6億トンに対し，隠れたフローは国内起源が7.4億トン，海外起源で28.7億トン，合計36.1億トンと推計され膨大な量にのぼっている．このうち，国内起源では建設工事に伴う掘削量が6.97億トン，海外起源では捨石・不用鉱物量が26.6億トンとそれらの大部分を占めている．また，ある素材や製品1kgを得るために，鉱石，土砂，水その他の自然資源を何kg自然界から動かしたかを表す指数としてMI係数（MIについては「**2.3.2 MIPS**」を参照）が示されている[4][5]．丸太：1.2，プラスチック：5，鋼鉄：21，アルミニウム：85，銅：500，金：540 000，ダイヤモンド：53 000 000となっており，再生アルミは3.5でバージン原料のものより小さい．このように，我々は豊かな生活をおくる中で実際は重いリュックサックを背負っていることになる．

隠れたフローに関するデータは現状では十分と言えず，国立環境研究所や物質・材料研究機構が国際共同研究の形で調査研究を続けている．

❖2.2 サブスタンスフロー分析（SFA）

前述したように，元素や有害物質など微量成分を扱う物質フロー分析はサブス

タンスフロー分析（SFA）と呼ばれている．SFA は，重金属類や窒素・リンなどの大気・水域・土壌への排出予測，リサイクル過程における製品内での重金属類の蓄積状況の把握，残留性有機汚染物質（POPs）の環境中での運命予測などに利用されている．

SFA は MFA の範疇に属し基本的な概念，目的，操作手順は同様であるが，通常の MFA に加えて次の点で考慮が必要となる．

1) マテリアル移動量（マスフロー量）のほかに，マテリアル中の微量成分の濃度情報が必要となる．図 2.4 に示すように，マテリアル M_i のマスフロー量 m_i に対して，M_i 中の微量成分 S_j の濃度 c_{ij} が与えられれば，m_i と c_{ij} との積から S_j の移動量 f_{ij} が求められることになる．SFA では，この f_{ij} を用いて検討が行われることになる．

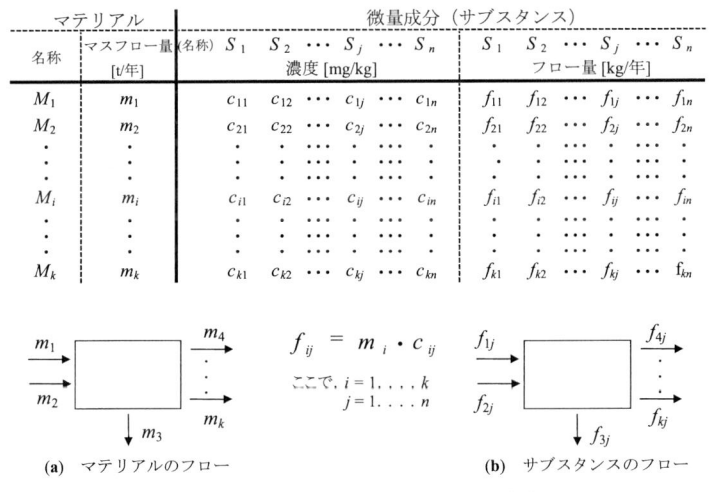

名称	マスフロー量 [t/年]	(名称)	S_1	S_2	$\cdots$	S_j	$\cdots$	S_n	S_1	S_2	$\cdots$	S_j	$\cdots$	S_n
			濃度 [mg/kg]						フロー量 [kg/年]					
M_1	m_1		c_{11}	c_{12}	$\cdots$	c_{1j}		c_{1n}	f_{11}	f_{12}	$\cdots$	f_{1j}		f_{1n}
M_2	m_2		c_{21}	c_{22}	$\cdots$	c_{2j}		c_{2n}	f_{21}	f_{22}	$\cdots$	f_{2j}		f_{2n}
$\vdots$	$\vdots$													
M_i	m_i		c_{i1}	c_{i2}	$\cdots$	c_{ij}		c_{in}	f_{i1}	f_{i2}	$\cdots$	f_{ij}		f_{in}
$\vdots$	$\vdots$													
M_k	m_k		c_{k1}	c_{k2}	$\cdots$	c_{kj}		c_{kn}	f_{k1}	f_{k2}	$\cdots$	f_{kj}		f_{kn}

$$f_{ij} = m_i \cdot c_{ij}$$

ここで，$i = 1, \ldots, k$
$j = 1, \ldots, n$

(a) マテリアルのフロー　　(b) サブスタンスのフロー

図 2.4　SFA におけるデータシートの作成

2) 個別の濃度情報が得られない場合には，過去の調査データから得た分配率（移動係数）を適用するとよい．分配率 Dr は，図 2.5 に示すように，出力側における総移動量 $\sum O_j$（入力側の合計値 $\sum I_k$ に等しい）に対する各移動量 O_j の割合を表すものである．これらは各種の調査，研究を通じて得られた濃度データの蓄積によって求められるものであり，あるプロセスにおける微量成分物質の特性値と考えることができる．しかし，それらは常に一定値であるとは限らない．特に，熱変換プロセスにおいては，温度・圧力

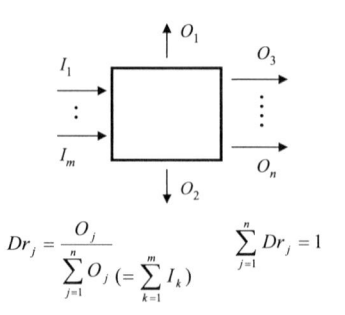

$$Dr_j = \frac{O_j}{\sum_{j=1}^{n} O_j \left(= \sum_{k=1}^{m} I_k\right)} \qquad \sum_{j=1}^{n} Dr_j = 1$$

図 2.5　SFA におけるサブスタンスの分配率の定義

などの操作条件によって変化するので，分配率を利用する場合は慎重に検討する必要がある．なお，分配率はインプット量が出口においてどのように配分されるかを示しているので，通常の MFA で利用される場合もあるが，概して微量成分の移動を取り扱う SFA で利用される場合が多い．

3) SFA では微量成分を対象とするため，基本となるマスフロー量の収支が重要性を増し，その成否が SFA を左右することになる．マスフロー量の収支がしっかりしていれば，濃度情報のチェックや微量成分収支計算時の誤差検出も容易になる．逆に，マスフロー量の収支において不確かな部分がありストック量にて調整している場合には，微量成分の収支計算からストック量を修正することも可能となる．

4) データの不確実性への言及が必要である．微量成分の濃度は，混合廃棄物中の重金属含有量など概して変動が大きいため，単一の数値ではなくある変動幅（最小値〜最大値）や標準偏差を伴った平均値で示される場合が多い．フローチャートによる結果の表示や SFA による評価に際しては，これらデータの不確実性に関して考慮，言及することを忘れてはならない．

❖2.3　持続可能性に関連する評価指標

　天然資源・エネルギーの消費量削減，環境負荷の低減により持続可能な社会をめざそうという考えが浸透し，脱物質化（dematerialization）の必要性が強く叫ばれるようになってきた．それに関連する基本的な概念や評価指標がさまざま提唱されているが，ここでは代表的なものをいくつか取り上げ，持続可能な社会構築に向けて何をなすべきかを考える．

2.3.1 ファクター X

資源および環境の有限性が広く認識されるようになってきた．環境容量（Environmental Capacity），すなわち人間社会の活動を支える代謝を保証する環境の限界容量[6]という概念が意識されるようになり，持続可能な社会構築をめざすためには，資源効率（または資源生産性），環境効率（エコ効率）の双方を高めていくことが必要となる．資源効率とは，必要なサービス（あるいは価値，便益）を得るために，製造から廃棄，リサイクルに至るライフサイクルすべてに投入される資源やエネルギーの利用効率をいい，同様に環境面からみた効率が環境効率でありそれぞれ次のように表される．

$$資源効率 = \frac{価値}{資源投入量} \tag{2.1}$$

$$環境効率 = \frac{価値}{環境負荷量} \tag{2.2}$$

資源効率，環境効率をどの程度高めればよいかという指標として，ファクター X が提唱されている．ワイツゼッカー[7]は，世界全体で人口20％の先進国が80％の資源を使用している状況に基づいて，平等の原則から資源消費量あるいは環境負荷量を1/4に削減して，資源効率，環境効率を直ちに4倍（ファクター4）にするべきだと主張している．ファクター4は，価値を2倍に高めつつ資源投入量あるいは環境負荷量を1/2に削減することによっても達成できる．また，シュミット・ブレーク[8]は，21世紀中頃までに先進国はファクター10を達成すべきだと提唱している．持続可能性を考慮して資源消費量を1/2にする必要からファクター2が，すべての人々が世界人口1/5を占める先進国と同等の権利をもつとするとファクター5が求められるので，結果としてファクター10の実現が必要だとしている．

社会全体でファクター4ないし10を実現することは簡単ではないが，資源効率，環境効率の向上への取組みは徐々に浸透してきており，省エネ型照明機器，家電製品，OA機器などで次第にファクター X 製品が増えてきている．一例として，ある家電メーカーにおけるハイビジョンテレビに関するファクター値の算出例[9]を示す．2004年製品が1993年製品と比較して，デジタル対応などの製品機能で2.1倍，製品寿命で1.0倍となった．リユース・リサイクル資源の使用増加により資源投入量が0.46倍となったので，

$$資源効率 = \frac{2.1 \times 1.0}{0.46} \fallingdotseq 4.6$$

また，動作時電力の削減により温室効果ガス排出量が 0.44 倍となったので，

$$環境効率 = \frac{2.1 \times 1.0}{0.44} \fallingdotseq 4.8$$

いずれの指標においてもファクター 4 を上回る結果となっている．

❖2.3.2 MIPS

ここで，資源効率やエコリュックサックとも関連する MIPS（Material Intensity Per unit Service，サービス単位当たりの物質集約度）に触れておく．MIPS は，製品のライフサイクル全体にわたるサービス単位または機能単位当たりの物質集約度である[8]．物質集約度（MI：Material Intensity）は，資源採取から製造，使用，修理，再使用，廃棄，輸送など製品のライフサイクルに関わる物質およびエネルギーの総消費量で計算される．直接，間接の資源投入量の総和であり，物質フローと LCA を組み合わせて環境負荷要因を総括的に表したものと捉えることができる．MIPS は，サービスや機能が生まれる製品に適用されるので原料や中間財には適用されない．MIPS は次式にて表され，使用や修理のたびに資源投入量は加算され MI が増加するが，使用回数の増加によりサービス数も増えていくので，結果的に MIPS 値は徐々に小さくなる．なお，使い捨て製品の場合は $S=1$ なので，MIPS = MI となる．また，MIPS は製品の資源効率の逆数であり，エコリュックサックは MI からその製品の正味重量を差し引いたものとなる．

$$\text{MIPS} = \frac{\text{MI}}{S} \tag{2.3}$$

$$S = n \cdot p \tag{2.4}$$

S：サービス単位，機能単位
n：消費財の場合は 1，耐久財の場合は回数，時間，距離などの利用量
p：同時に利用する人数や処理速度，運搬能力などの性能

ここで，フィンランドの鉄道車両に関する MIPS の計算例を紹介する[4]．定員 113 名の客車（2 階建て車両，重量 53.5 トン）を 1 台製造するときの MI は，金属やプラスチックなどの原料，原料輸送などのエネルギーや廃棄物などすべてを含めると 1349 トン（車両本体の約 25 倍）となる．また，耐用年数 40 年として，車両の修理や整備，電力消費，レール敷設や架線なども含めて，鉄道車両 1 台当たりの MI を整理すると，以下のようになる．

製造：	1 349 t
駆動エネルギー：	7 224 t
車両内の電力消費：	1 526 t
修理，整備：	210 t
牽引する機関車の製造：	630 t
レール敷設，架線：	103 040 t
合計：	113 979 t

鉄道輸送では，レール敷設，架線などのインフラ整備に関わる MI が特に大きいことがわかる．総走行距離を 1 400 万 km，乗車率 100% とすると，$n = 14 \times 10^6$ [km]，$p = 113$ [人] となるので，式 (2.3), (2.4) より旅客 1 人当たり走行距離 1 km 当たりの鉄道車両の MIPS は，

$$\text{MIPS} = \frac{113\,979 \times 10^6}{14 \times 10^6 \cdot 113} = 72 \quad [\text{g}/(\text{人} \cdot \text{km})]$$

また，この MIPS 値は乗車率によって変化し，乗車率が 50% のときは 144 g/(人・km)，10% であれば 720 g/(人・km) となる．

❖2.3.3　エコロジカル・フットプリント

ウィリアム・リースらによって提案されたエコロジカル・フットプリント（EF：Ecological Footprint）[10][11] は，前述した環境容量に基づいた概念で，人為的な生産・消費活動や人間が及ぼした環境負荷を足し合せて，我々が自然を利用しかつ自然に与えた影響を「足跡」として土地面積に変換して表すことにより，持続可能性を評価しようという指標である．ここでは，土地区分を次の6つに分類している．

- 耕作地：穀物や豆類など主要農作物を生産するための土地
- 牧草地：牛や羊などの食肉製品，酪農製品を生産するための土地
- 森林地：紙・パルプ，木製品を生産するための土地
- 生物生産力のある海域：漁業が行われている主に沿岸部
- 生産阻害地：住宅や構造物などで覆われた生物生産力を失った土地
- エネルギー地：化石燃料の消費に伴い発生した二酸化炭素の吸収に必要な土地

EF の計算では，国連食糧農業機関（FAO）などの国連諸統計や各国の政府統計などのデータが用いられている．結果の一例を図 **2.6** に示す．図は，国別の一

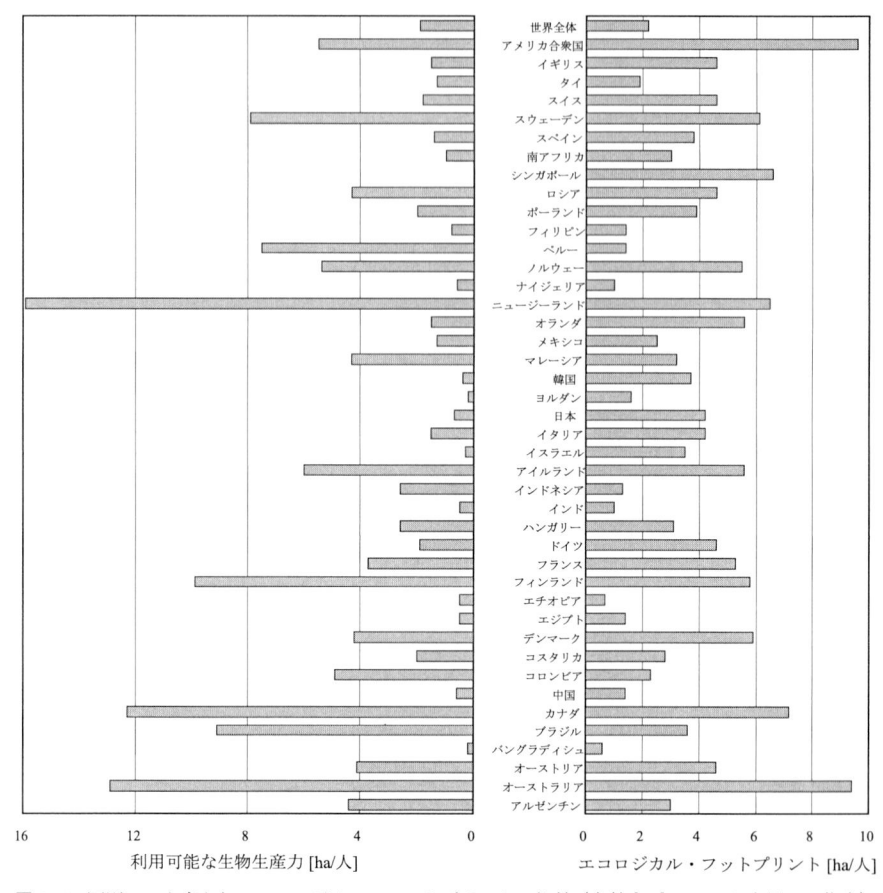

図 **2.6** 国別の一人当たりのエコロジカル・フットプリントの比較（文献 [11] のデータを用いて作成）

人当たりの EF と利用可能な生物生産力を示している．世界全体では，利用可能な生物生産力が 1.9 ha/人なのに対し EF 平均が 2.2 ha/人となっており，現在の状況は過剰消費であり見直しが必要だということを示している．また，日本における EF は 4.2 ha/人で，自国の生物生産力 0.7 ha/人の 6 倍である．多くの資源，食料を輸入に頼っている状況を示す結果であり，エネルギーや食糧の自給率向上の努力を強く示唆するものと考えることもできる．一方，オーストラリア，ブラジル，カナダ，フィンランド，ニュージーランド，スウェーデンなど，EF 値に比べ生物生産力が大きい国々も見られる．

エコロジカル・フットプリントは，このように国別の比較評価のほか，地域や都市に関する分析，製品に関する比較分析などにも応用範囲を広げ，持続可能性を評価するユニークな分析ツールとして注目されている．

❖2.4 分析例，応用例

ここまで，物質フロー分析の基礎的な知識を学んできたが，前述したように，MFA や SFA ではフローチャートなどを用いていかに視覚的に結果をわかりやすく示すか，その結果をどのように評価，利用するかが重要である．目的に応じてさまざまな方法が取られ各方面で MFA や SFA が展開されているので，本項では種々のシステムを対象とする実際の分析例，応用例を紹介しながら解説する．

❖2.4.1 国と地域のマテリアルフロー
(1) 我が国の物質フロー

図 2.7 に平成 15 (2003) 年度における我が国の物質フロー図[12]を示す．貿易統計，廃棄物統計など各種統計資料を用いて作成され毎年公表されている．システム境界は日本国内である．図の左から我が国に投入される資源や製品が，図の右に産出・排出される物質量が表されている．また，右から左に再度投入される循環利用量が表され，これらにより我が国における物質フローの全体像が把握で

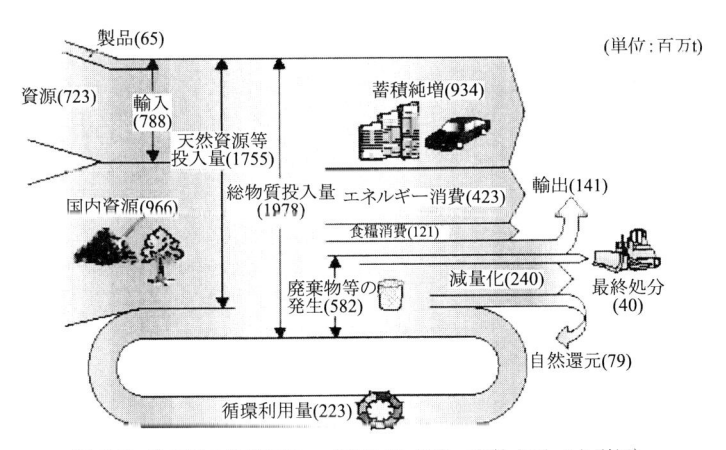

図 2.7 我が国の物質フロー（平成 15 年度，文献 [12] より引用）

き，エネルギー消費，廃棄物発生など物質フローの大きな変化が容易に理解できる．ここで，輸入資源・製品とは，化石燃料，金属鉱物，動植物性資源，中間製品などから成り，国内資源は建設用鉱物，工業用非金属鉱物，動植物性資源が主なものである[13]．また，蓄積純増とは，建物や橋・道路などの社会インフラ，耐久消費財などに関して，新たに社会に蓄積された量から解体・廃棄された既存の蓄積分を差し引いた増加量を示している．廃棄物等の発生の減量化とは，乾燥・脱水等による水分減少や焼却による大気放出分を示している．

循環型社会形成推進基本計画では，循環型社会構築への達成度を把握するための物質フローに関する数値目標として，資源生産性，循環利用率，最終処分量の3つの指標について平成22年度を目標年次として表 2.1 のように設定している．資源生産性は，

$$資源生産性 = \frac{\text{GDP}}{\text{天然資源等投入量}} \tag{2.5}$$

として定義され，投入量の少なさが循環型社会形成の重要な目安になるとの考えから「入口」での評価指標となっている．循環利用率は，

$$循環利用率 = \frac{\text{循環利用量}}{\text{総物質投入量}} \tag{2.6}$$

として，総物質投入（総物質投入量は循環利用量と天然資源等投入量の和）に対する循環利用の寄与という観点での評価指標としている．廃棄物の再資源化率としてではなく，天然資源の消費量削減という循環型社会構築の本来の目的に立脚している．最終処分量は，処分場のひっ迫や廃棄物減量化への対応から「出口」部分での重要な指標として位置付けられている．表 2.1 に示すように，目標達成に向けて徐々にではあるが歩を進めている状況が見て取れる．

また，図 2.7 から我が国における物質フローに関する課題抽出や改善努力への示唆も与えられる．天然資源等投入量はわずかずつ減少している（平成15年度は，平成5年度の0.86倍[12]）ものの，依然として高い水準である．前述したよう

表 2.1 我が国の物質フローにおける数値目標の推移

評価指標	単位	平成 2 年度	平成 12 年度	平成 15 年度	目標年 (平成 22 年度)
資源生産性	万円/t	21.4	28.1	30.1	39
循環利用率	%	7.4	10.0	11.3	14
最終処分量	百万 t	109	57	40	28

に，隠れたフローがこの数値の約2倍近くになることを考えると，資源採取を減少させ資源生産性を向上させる努力は一層加速させていかなければならない．出口に目を向けると，蓄積純増は別として，エネルギー消費と廃棄物等の発生の割合が高い．高水準のエネルギー消費はCO_2排出量増大に直結し，地球温暖化への影響を考えるとエネルギー消費量削減は急務である．また，廃棄物等発生量が総物質投入量の約30％にもおよぶことから，技術開発を含めて製造段階での発生抑制努力を一層推進する必要がある．

(2) 地域単位の物質フロー

都道府県単位でも，各地域の産業連関表や廃棄物統計などのデータが整備されているので，同様な物質フロー分析を実施し公表している．資源投入や製品産出に関しては，輸出入に加えて国内の他地域との移出入があるため，移輸入，移輸出として表され，廃棄物等発生や循環利用では，他地域との廃棄物や再生資源の移出入が加えられている場合も見られる．その地域の状況を全国の物質フローや他地域のものと比較する場合，産業構造など地域特有の事情が影響することを考慮しなければならない．例えば，農林水産業のような一次産業が占める割合が高い場合には，資源投入量に比べGDPが低いため資源生産性指標は小さな数値となる．製造業においても，一次加工品や素材産業の割合が高ければ組立てや製品製造が中心となる場合に比べて小さな値となる．

(3) 都市における廃棄物の処理，再資源化のフロー

自治体における都市ごみ（一般廃棄物からし尿を除いたもの）の処理・再資源化に関するMFA事例[14]を紹介する．図2.8はフロー図を概略的に表したものであるが，ここでは，一般家庭と事業者から分別排出される可燃ごみ，不燃ごみ，粗大ごみ，資源ごみ（びん・缶・ペット）と資源回収物（古紙，リターナブルびん）を対象とし，システムは中間処理，再資源化，最終処分のプロセスで構成され，システム境界は都市行政区域内である．なお，各フロー量は，家庭系可燃ごみの年間量を100として，それに対する重量比で表されている．基本となるデータは，市の廃棄物統計資料を中心に収集され，不足部分を関連施設への聞き取り調査によって補っている．都市全体の処理，再資源化フローの実態を把握し，問題点の抽出とシステムの改善を目的として調査が実施された．

図を概観すると，可燃ごみの割合が高く焼却処理が中心となっていることがわかる．また，可燃ごみ，不燃ごみ，粗大ごみにおいて事業系の比率が高いという特徴がある．小規模事業者の割合が高いこと，市域内に規模の大きな民間処理事

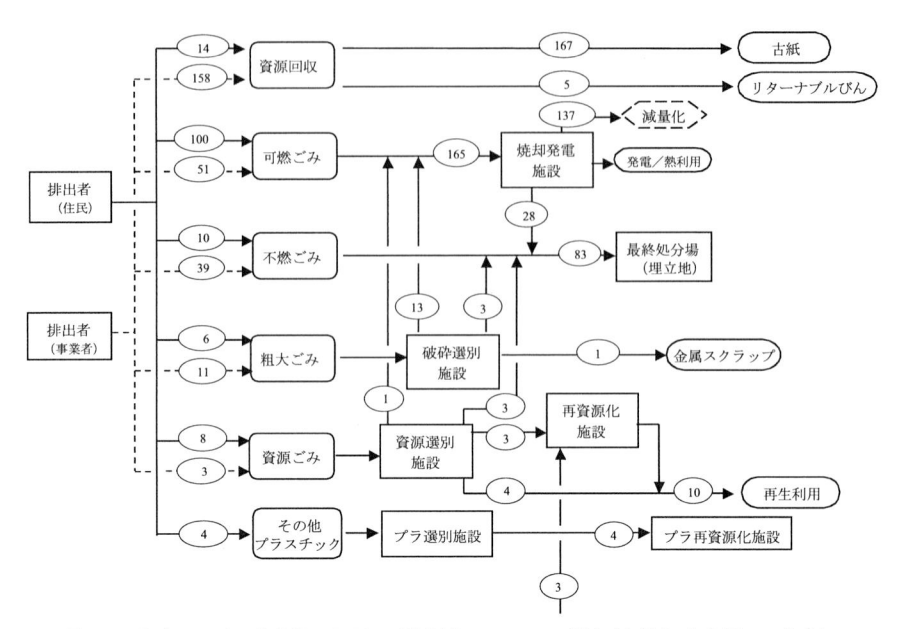

図 2.8 都市における廃棄物の処理，再資源化のフローの事例（文献 [14] を用いて作成）

業者が少ないことなどに起因していると思われる．さらに，最終処分場の負荷量に占める不燃ごみの割合が高いため，処分場延命化のためには不燃ごみの減量化，特に事業系不燃ごみを中心とする対策が望まれる．

再資源化に関しては，資源回収を除くと全体としてその割合が小さい．古紙回収量は際立って多いが，これは回収およびリサイクルルートが確立されていることによる．可燃ごみなどに混じって排出される古紙，段ボール類が依然少なくないことを考えると，今後，事業者回収や集団回収の利用へ誘導することにより再資源化促進を図る必要がある．また，資源選別施設から不燃残渣として最終処分場に移行する部分が約 30% にのぼっているが，これはびん類の破損が主な要因であり，収集方法の見直しや集団回収，拠点回収の利用などの検討が必要となる．

2.4.2 産業部門のマテリアルフロー
(1) 鉄鋼業における循環利用

図 2.9 に 2001 年度における日本の鉄鋼循環図[15]を示す．原料の投入から鋼材生産，副産物排出，輸出入，スクラップの循環利用など全体像の把握が容易で，

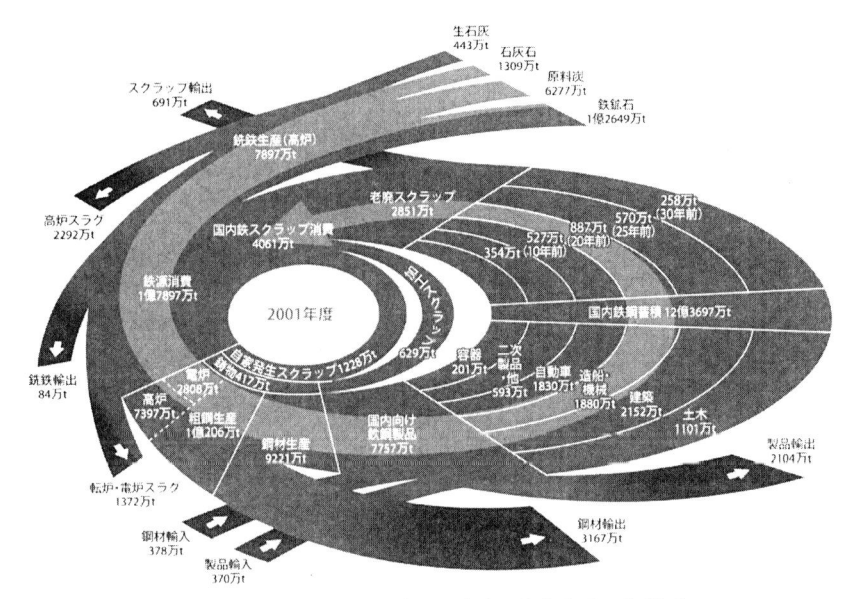

図 2.9 日本の鉄鋼循環図（2001 年度，文献 [15] より引用）

物質フローの大きな変化がわかりやすく表現されている．さらに，鉄鋼製品による他産業との関連，老廃スクラップとして過去の蓄積量との関連も示されており，視覚的なわかりやすさが十分に考慮されている．

本図は，鉄の生産時に排出されるスラグ以外の副産物，副生ガス，排水，廃棄物などが除外されていたり，鋼材から製品に変換される断面などで必ずしも物質収支がとれているわけではない．しかし，本図の目的は，鉄鋼の生産，利用に関わる主要な物質フローを表現することであり，鉄原料としてのスクラップの寄与が高いこと，スラグの再利用を考慮すると全体として再資源化率が高いこと，他産業との関連が多方面にわたっていること，飲料缶など容器類のスクラップに占める割合が小さいことなどが，図から簡単に見て取ることができ鉄の循環利用状況が理解しやすい．MFA の応用例として興味深い．

(2) 企業単位の MFA 事例

事業者の環境配慮への取組み状況を公表する環境報告書（「**7.3 環境報告書**」を参照）において，MFA を応用している例も増えている．図 **2.10** は，セメント企業における一例[16]である．廃棄物や大気・水域への排出状況だけでなく，事業活動に係るインプット，アウトプットを合わせて表示している．二点鎖線で囲んで

第2章 物質フロー分析

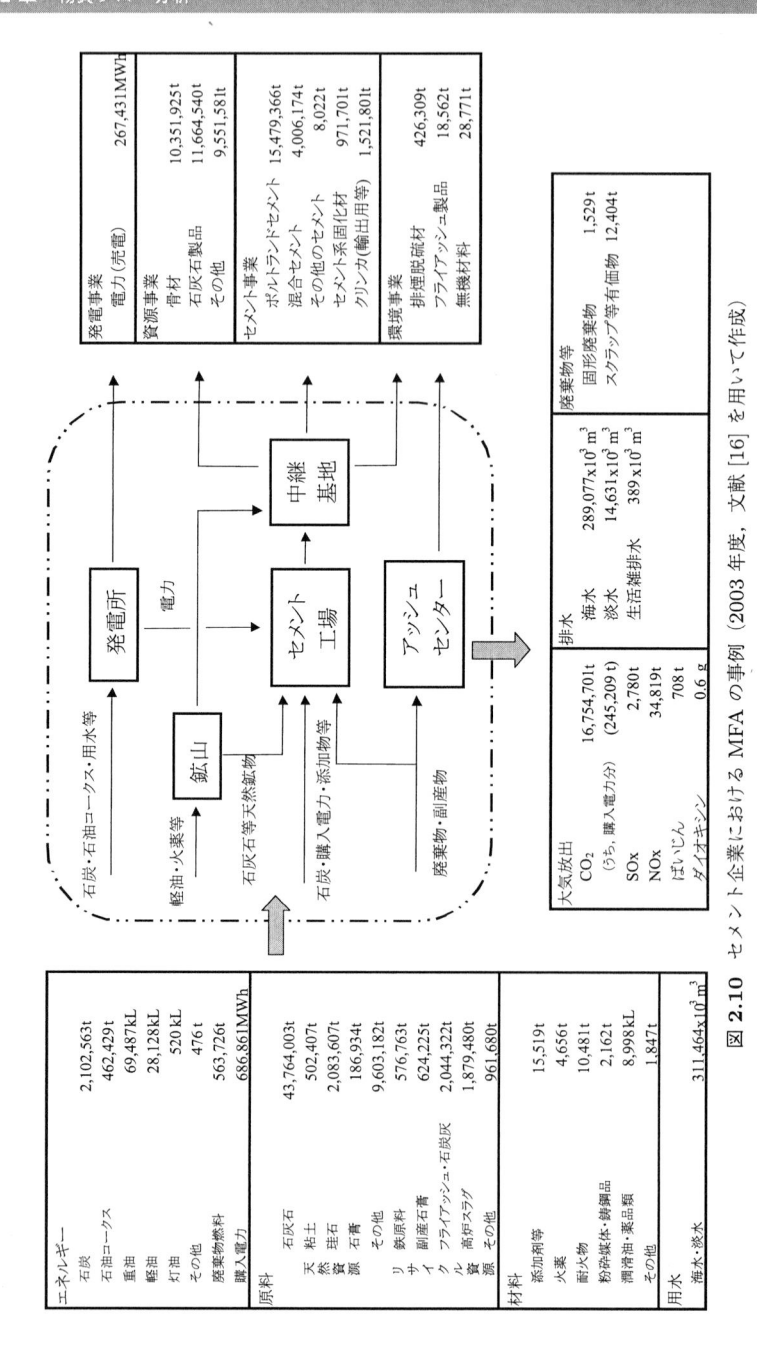

発電事業
電力(売電)	267,431MWh

資源事業
骨材	10,351,925t
石灰石製品	11,664,540t
その他	9,551,581t

セメント事業
ポルトランドセメント	15,479,366t
混合セメント	4,006,174t
その他のセメント	8,022t
セメント系固化材	971,701t
クリンカ(輸出用等)	1,521,801t

環境事業
排煙脱硫材	426,309t
フライアッシュ製品	18,562t
無機材料	28,771t

廃棄物等
固形廃棄物	1,529t
スクラップ等有価物	12,404t

排水
海水	289,077×10³ m³
淡水	14,631×10³ m³
生活雑排水	389×10³ m³

大気放出
CO_2	16,754,701t
(うち、購入電力分)	(245,209 t)
SOx	2,780t
NOx	34,819t
ばいじん	708t
ダイオキシン	0.6 g

エネルギー
石炭	2,102,563t
石油コークス	462,429t
重油	69,487kL
軽油	28,128kL
灯油	520kL
その他	476t
廃棄物燃料	563,726t
購入電力	686,861MWh

原料
石灰石	43,764,003t
天然資源 粘土	502,407t
珪石	2,083,607t
石膏	186,934t
その他	9,603,182t
リサイクル資源 鉄原料	576,763t
副産石膏	624,225t
フライアッシュ・石灰	2,044,322t
高炉スラグ	1,879,480t
その他	961,680t

材料
添加剤等	15,519t
火薬	4,656t
耐火物	10,481t
粉砕媒体・鋳鋼品	2,162t
潤滑油・薬品類	8,998kL
その他	1,847t

用水
海水・淡水	311,464×10³ m³

(図中プロセス: 鉱山 → 発電所 → セメント工場 → アッシュセンター → 中継基地)

軽油・火薬等／石灰石等天然鉱物／石炭・購入電力・添加物等／廃棄物・副産物／石炭・石油コークス・用水等／電力

図 2.10 セメント企業における MFA の事例 (2003 年度、文献 [16] を用いて作成)

いる部分は，実際には写真や絵を利用して視覚的効果を工夫している場合が多い．前述の鉄鋼業の例と同様，必ずしも物質収支がとれているわけではないが，天然資源やエネルギーの投入，他産業の廃棄物利用を入口として，事業活動の概要をフローチャートによってわかりやすく示し，出口に自社製品の内訳を列記するという手法でMFAの概念を利用して事業活動の透明性を高めようとしている．

(社)セメント協会の発表[17]によると，セメントの生産には原料や燃料としてセメント1t当たり40%の廃棄物や副産物を利用しており，廃棄物等の利用先としてセメント業界は重要な位置付けにある．図2.10をみると，エネルギーとして廃棄物燃料，原料としてフライアッシュや高炉スラグなど合計665万トンを利用して，1950万トンのセメント製品を生産しており，廃棄物等の利用率は34%になっている．

(3) エコタウンに関するMFA事例

エコタウン事業は，環境産業による地域振興と廃棄物の発生抑制・循環利用による循環型社会構築を目的として平成9年から実施され，現在では札幌市，川崎市，北九州市など全国26地域で展開されている（詳細は，経済産業省および環境省のホームページなどを参照されたい）．ここでは，札幌市の「リサイクル団地」と呼ばれるエコタウンに関するMFA事例[14]を紹介する．

図2.11にその物質フロー図を示す．なお，データは平成14年度の実績値に基づいている．一般廃棄物，産業廃棄物の選別，処理，リサイクルに係る公共，民間の11施設で構成され，近隣に廃棄物発電施設，最終処分場がありリサイクル団地内から排出される残渣の受入れ先となっている．

一般廃棄物として，びん・缶・ペットボトル，容器包装その他プラが39 600 t/年，廃プラスチック，建設系混合廃棄物，がれき類，汚泥などの産業廃棄物が190 100 t/年，合計229 700 t/年の廃棄物がタウン内に投入される．再生品としては，PETシート，飼肥料，再生油，再生砕石があり合計で62 500 t/年となるが，約85%を重量物である再生砕石が占めている．缶類やカレットなど再資源化物として再生利用されるものが16 600 t/年，タイヤや木くずなど燃料利用されるものが13 600 t/年である．また，可燃残渣の量は43 800 t/年で投入量の19%となるが，これは廃棄物発電施設において発電や熱利用に供することになるので，一部がエネルギー回収に寄与すると考えることができる．一方，最終処分量は合計で65 000 t/年になり投入量の約28%にのぼるが，無機汚泥および有機汚泥が単に脱水されるだけで他施設との関連を持たず通過するに等しいため，これを投入量から除外して考

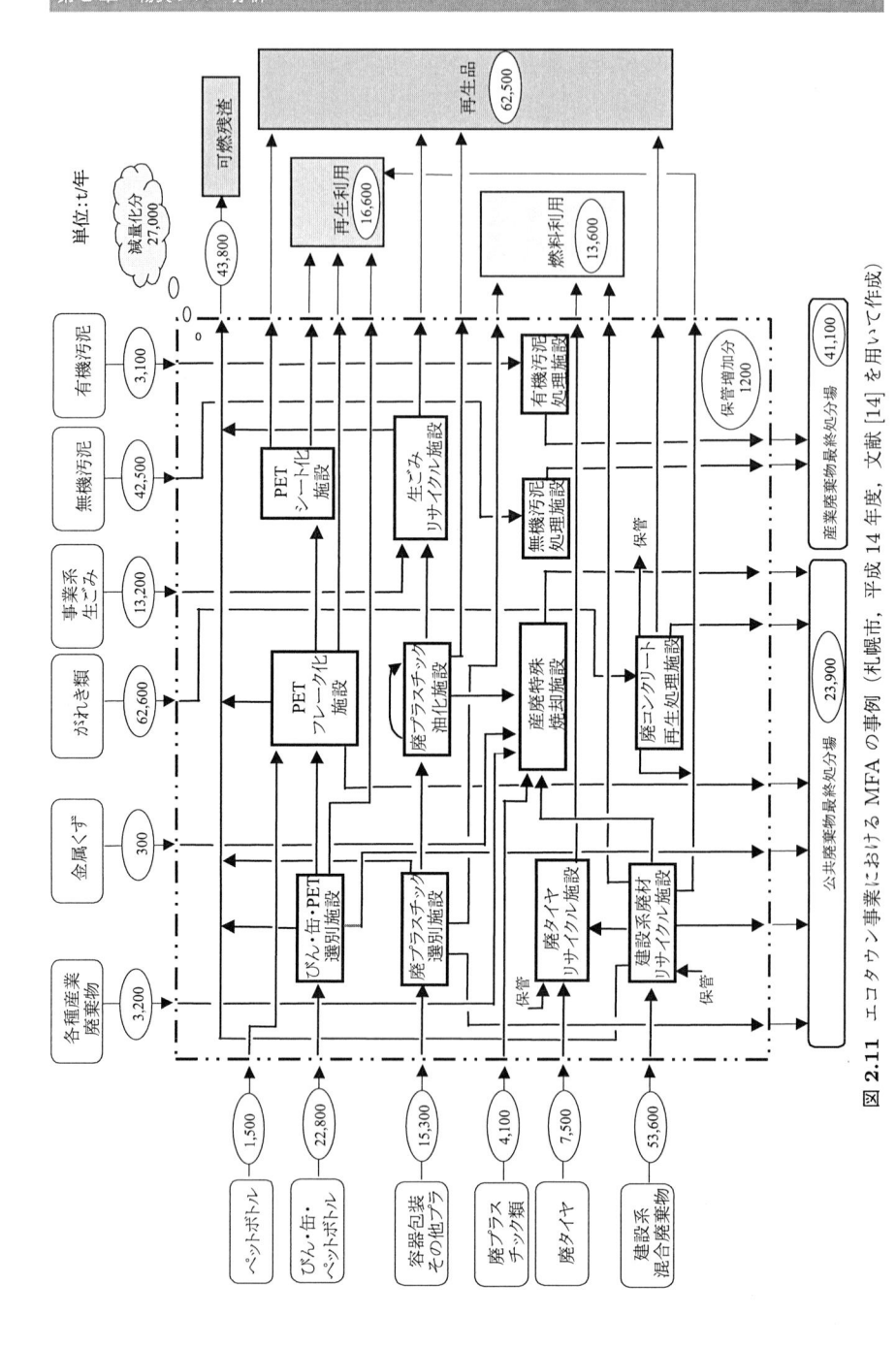

第 2 章 物質フロー分析

図 2.11 エコタウン事業における MFA の事例 (札幌市, 平成 14 年度, 文献 [14] を用いて作成)

えると約 13%となる．

リサイクル団地内の各施設の連携を図 2.11 の二点鎖線内に示している．廃コンクリート再生処理施設，無機汚泥および有機汚泥以外の 8 施設は，他施設との連携はあるものの物質の移動量はわずかである．可燃残渣の受入れ先となっている廃棄物発電施設からの電力や熱のリサイクル団地へのフィードバックが実現すれば，プロセス間の連携をとるというエコタウンの特徴がより生かされてくる．

❖2.4.3 サブスタンスフロー分析の事例
(1) 都市ごみの焼却，灰溶融システムの金属フロー

廃棄物処理・管理において，環境保全，資源保全の双方の観点から金属や化学物質の挙動を把握することが重要となっており，処理システムやリサイクルシステムなどを対象とした SFA が実施されている．図 2.12 にその一例として，都市ごみの焼却システムと灰溶融システムにおける金属フローに関する SFA の事例を示す．

都市ごみを焼却すると，焼却プロセスからはアウトプットとして主灰(底灰)，飛灰(集じん灰)，排ガスが排出される．Jung[18] は，主灰，飛灰を採取して金属濃度を分析し，主灰，飛灰の発生量を乗じて焼却施設における金属類の分配率を推定した．なお，既往の研究に基づいて，排ガスへの移行は無視できるとしている．ここでは簡単のため平均値を使用し，変動幅によるデータの不確実性に関しては触れていない．Al, Cr, Cu, Fe は主灰への移行率が高く，Cd はほとんどが飛灰に移行し，Pb, Zn は主灰中にやや多いものの双方に移行している．これら

(a) ごみ焼却システムにおけるごみトン当りの金属含有量 [g/t-ごみ]

	Al	Cd	Cr	Cu	Fe	Pb	Zn
主灰	4,743	0.5	9.9	192.5	4,073	63	230
飛灰	199	2.9	1.6	14.1	167	33	213
排ガス	0	0	0	0	0	0	0

(b) 灰溶融システムにおける各金属の分配率

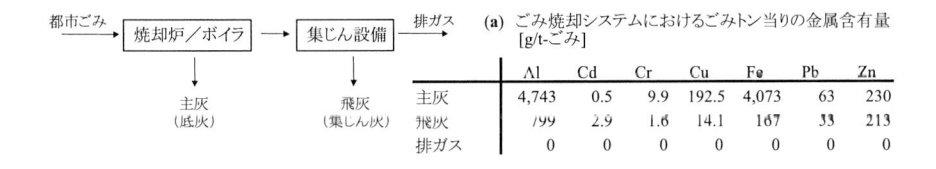

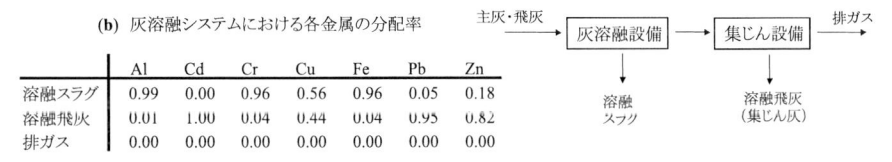

	Al	Cd	Cr	Cu	Fe	Pb	Zn
溶融スラグ	0.99	0.00	0.96	0.56	0.96	0.05	0.18
溶融飛灰	0.01	1.00	0.04	0.44	0.04	0.95	0.82
排ガス	0.00	0.00	0.00	0.00	0.00	0.00	0.00

図 2.12 都市ごみの焼却，灰溶融システムの金属フロー分析（文献 [18] のデータを用いて作成）

は，インプットであるごみ 1 トン当たりの数値で与えられているので汎用性が高く，今後，各方面での利用が期待される．

また，最近では灰の減容化，灰中のダイオキシン類や重金属類濃度の低減を図る目的から，電気や熱エネルギーを利用して灰を溶かした後に急冷固化する溶融システムが普及している．図 2.12 の下段に示すように，灰溶融プロセスからはアウトプットとして溶融スラグ，溶融飛灰，排ガスが排出される．Jung は，金属濃度分析データから，同様に各金属に関する溶融スラグと溶融飛灰への分配率を得ている．Al，Cr，Fe はほとんどが溶融スラグへ移行し，Cd，Pb，Zn はほとんどが溶融飛灰へ移行する．前述した焼却プロセスと結合するなり，別途，インプットとなる灰の組成が与えられれば，溶融スラグや溶融飛灰の金属含有量の推定が容易となる．溶融飛灰からの Pb，Zn の回収も徐々に進められており，このような SFA はますます重要となってきている．

(2) 鉛の環境排出量に関する分析

PRTR（Pollutant Release and Transfer Register，有害化学物質の環境中への排出および移動に関する届出）制度にみられるように，化学物質の環境への排出量把握や管理，リスク評価の重要性がますます高まってきており，SFA を用いた定量評価が盛んになってきている．一例として，図 2.13 に中西ら[19]による鉛の環境中への排出量推定の結果を示す．鉱出量，地金の輸出入，製品の製造や輸出入，蓄積，廃棄，処理処分，循環利用が追跡されフローチャートとしてまとめられている．図中，「PRTR 届出外（すそ切り以下）」とは，対象事業者のうち従業員数・取扱量など一定の要件を満たさないため届出されないものである．製造，使用段階の排出量は PRTR 集計結果（2003〜2005）を用い，廃棄やリサイクル段階では処理フローに基づいて推計している．

大気，公共用水域，土壌への排出量が示され，公共用水域への排出が 88 トンと最も多くなっている．また，SFA の不確実性評価のために感度解析を実施し，大気排出量に関しては焼却時の揮散率が最も大きな影響があり，廃棄物の処理方法や使用年数などのパラメータは寄与が小さいと報告している．

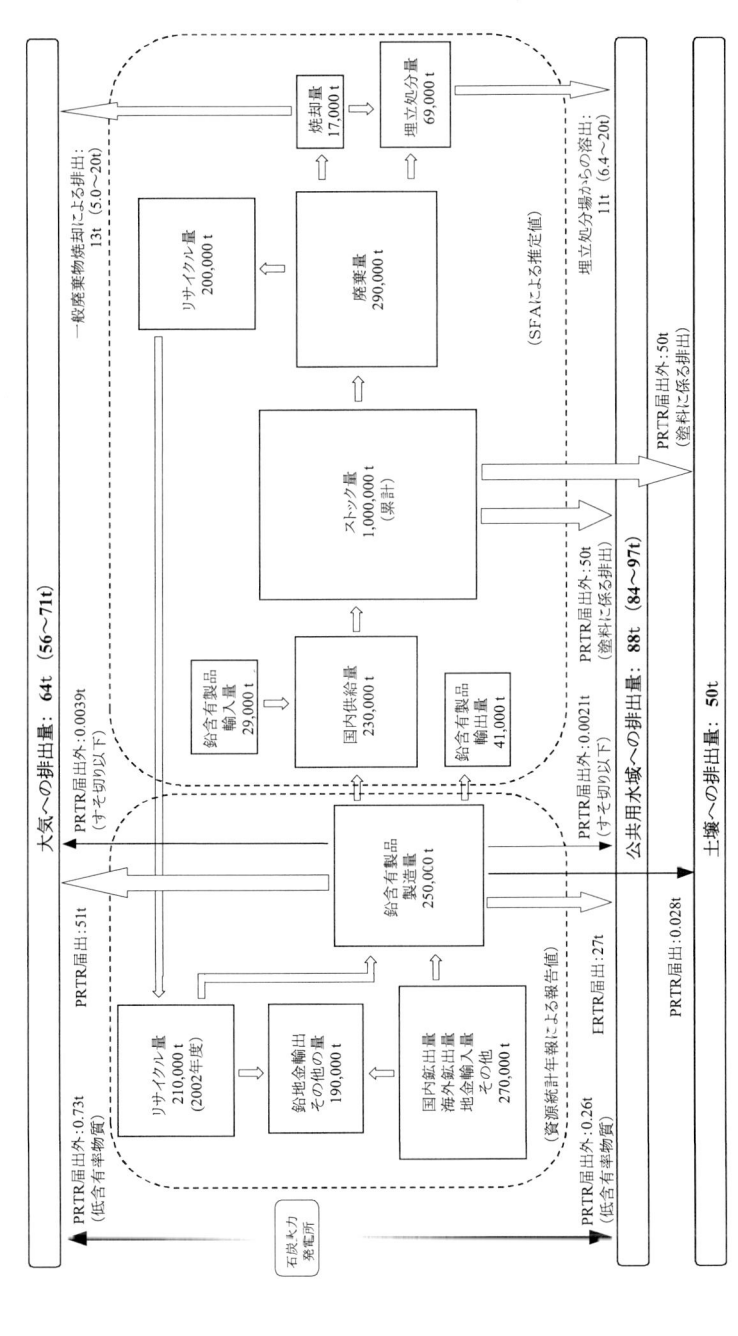

図 2.13 環境中への鉛排出量（2003 年度）に関する SFA 事例（文献 [19] より編集、図中の括弧内数値は SFA における不確実性の幅を示す）

演習問題（第2章）

以下の説明文には，それぞれ誤りがある．正しい文章に訂正しなさい．
(1) マテリアルフロー分析（MFA）とは，ある系（システム）内において，投入されるもの，産出・排出されるものについて，物質流れと収支バランスを定性的に把握，評価する手法である．
(2) MFAにおいて，フローチャートを用いてシステム内のプロセス構成を表示する場合には，プロセス数に制限を設けず，できるだけ一括して示すほうが望ましい．
(3) 鉱物などの天然資源の採取により付随的に発生して，表面に現れにくいマテリアルフローをエコロジカル・ポイントと呼ぶ．
(4) サブスタンスフロー分析（SFA）で用いられる分配率（移動係数）は，あるプロセスにおける微量成分物質の特性値と考えることができ，常に一定である．
(5) 資源効率とは，必要なサービスを得るために，製造時に投入される資源やエネルギーの利用効率を言う．
(6) MIPSとは，ライフサイクル全体にわたるサービス単位当たりの物質集約度を言い，原料，中間財，製品に適用される．
(7) エコロジカル・フットプリントは資源の有限性に基づいた概念で，持続可能性を評価する指標の一つである．
(8) 循環型社会形成推進基本計画では，物質フローに関する3つの指標について数値目標を設定しているが，このうち循環利用率とは，廃棄物発生量に対する循環利用量として定義されている．

引用・参考文献

[1] 森口祐一：マテリアルフロー分析からみた人間活動と環境負荷，環境システム研究，Vol.25，pp.557–568，1997
[2] Brunner, H. Rechberger: Practical Handbook of MATERIAL FLOW ANALYSIS, Lewis Publishers, pp.35–43, 2004
[3] 環境省総合環境政策局編：平成 18 年版環境統計集，ぎょうせい，p.48，2006
[4] フリードリヒ・シュミット・ブレーク：エコリュックサック－環境負荷を示すもう一つの「重さ」，(財)省エネルギーセンター，p.20，2006
[5] 環境省編：平成 15 年版 環境白書，ぎょうせい，p.27，2006
[6] 北海道大学工学部 衛生工学科：衛生工学科用語集，p.32，1992
[7] ワイツゼッカー，E. U. V.，ロビンス，A. B.，ロビンス，L. H.：ファクター 4 －豊かさを 2 倍に資源消費を半分に，(財)省エネルギーセンター，1998
[8] F. シュミット・ブレーク：ファクター 10 －エコ効率革命を実現する，シュプリンガー・フェアラーク東京，1998
[9] http://panasonic.co.jp/eco/factor_x/m_pdf/fx_p02.pdf
[10] マティース・ワケナゲル，ウィリアム・リース：エコロジカル・フットプリント－地球環境持続のための実践プランニング・ツール，合同出版，2004
[11] ニッキー・チェンバース，クレイグ・シモンズ，マティース・ワケナゲル：エコロジカル・フットプリントの活用－地球 1 コ分の暮らしへ，合同出版，2005
[12] 環境省編：平成 18 年版循環型社会白書，ぎょうせい，pp.65–66，2006
[13] 森口祐一：マテリアルフローからみた人間活動と環境変化（水・物質循環系の変化，第 9 章），岩波書店，pp.299–325，1999
[14] 柴田智久，角田芳忠：流域圏における循環資源のマテリアルフロー分析，平成 16 年度北海道大学大学院循環資源評価学（タクマ）講座活動報告書，pp.112–116，2005
[15] 新日本製鐵：環境・社会報告書 2005，p.34
[16] 太平洋セメント：環境報告書 2004，p.14–15
[17] http://www.jcassoc.or.jp/cement/1jpn/jg2a.html
[18] Jung, C. H. : Flow Analysis of Metals in Municipal Solid Waste (MSW) Management System, 北海道大学博士（工学）学位論文，2005
[19] 中西準子，小林憲弘，内藤航：鉛，詳細リスク評価書シリーズ 9，丸善，77，2006

第3章　環境影響評価（環境アセスメント）

環境影響評価（Environmental Impact Assessment）とは，環境に大きな影響を及ぼすおそれがある事業について，その事業の実施にあたり，あらかじめその事業の環境への影響を調査，予測，評価することをいう．我が国においては，環境影響評価法等に基づいて，道路やダム，鉄道，廃棄物最終処分場，発電所などを対象にして，地域住民や専門家や環境担当行政機関が関与しつつ手続きが実施されている．また，環境影響評価法に基づく総合環境アセスメント以外にも，廃棄物処理法，大型小売店舗立地法など個別の法律で規定された準アセスメント的な手続き（生活環境影響調査等）がある．これらの手続きによって事業の環境影響を事前に評価を行い，その結果に基づいて，事業における環境配慮や計画の見直しをして望ましい環境の保全が図られている．

❖3.1　環境影響評価

❖3.1.1　環境影響評価法 [1][2]

環境影響評価法は1997年に制定，1999年に施行されたもので，環境アセスメントを行うことは環境の悪化を未然に防止し，「持続可能な開発」を実現するためにも重要であるとの考えに基づいて作られた法律である．1993年に制定された環境基本法にも，第20条に環境影響評価の推進が掲げられており，環境影響評価法の制定の法的背景となっている（**表3.1**）．環境基本法では，公害対策基本法で典型7公害（水質汚濁，大気汚染，土壌汚染，悪臭，騒音，振動，地盤沈下）に限定されていた環境政策の領域を広げ，第14条で生物多様性，身近な自然環境，人

表3.1　環境基本法第20条

（環境影響評価の推進） 　国は，土地の形状の変更，工作物の新設その他これらに類する事業を行う事業者が，その事業の実施に当たりあらかじめその事業に係わる環境への影響について自ら適正に調査，予測又は評価を行い，その結果に基づき，その事業に係わる環境の保全について適正に配慮することを推進するため，必要な措置を講ずるものとする．

と自然との触れ合いを保全の対象とし，第2条では地球環境の保全，あるいは循環型社会の形成なども視野に入れている．環境影響評価法はこれらの新しい課題にも対応したものとなっている．

上記の環境影響評価法に加え，すべての都道府県・政令指定都市で，条例による独自の環境アセスメント制度が設けられている．その内容は環境影響評価法よりも①対象事業の種類を多くする，②小規模の事業を対象にするといったものや，③公聴会を開催して住民などの意見を聴く，④第三者機関による審査の手続きを設ける，⑤手続きに入る前の環境配慮を義務づける，⑥手続きを行った後の事後モニタリングを義務づける，といったものがある．こうした条例によるアセスメント制度は条例アセスとも呼ばれ，より地域の環境や社会経済状況に応じた実効ある評価を行うために設けられている．

❖3.1.2 環境影響評価の項目

環境アセスメントで調査・予測および評価の対象となる環境要素は，**表3.2**に示すとおりである．私たちの身のまわりの大気・水・土壌等の一般環境，植物や動物等の生物の多様性の確保や生態系，人と自然との触れ合いを確保するための景観や場，廃棄物や温室効果ガス等の環境への負荷等が評価の対象となる．しかし実際のアセスメントではこれらのすべての項目を評価するわけではなく，後述

表3.2 環境アセスメントの調査，予測および評価の対象となる環境要素の範囲

環境の自然的構成要素の良好な状態の保持		
大気環境	水環境	土壌環境・その他の環境
・大気質 ・騒音 ・振動 ・悪臭 ・その他	・水質 ・底質 ・地下水 ・その他	・地形，地質 ・地盤 ・土壌 ・その他
生物の多様性の確保および自然環境の体系的保全		
植物	動物	生態系
人と自然との豊かな触れ合い		
景観	触れ合い活動の場	
環境への負荷		
廃棄物等	温室効果ガス等	

環境基本法第14条第1~3号，第2条第2項に対応

のスコーピングを通じ，地域の環境と事業の特性に応じて，弾力的に評価の対象とする項目を選択することとなっている．

❖3.1.3 環境影響評価の対象となる事業

環境影響評価法で環境アセスメントの対象となる事業の種類と規模を表3.3に示す．道路，ダム，鉄道，空港，廃棄物最終処分場，発電所などの13種類の事業

表 3.3 環境アセスメント対象事業

対象事業	第1種事業（必ず環境アセスメントを行う事業）	第2種事業（環境アセスメントが必要かどうかを個別に判断する事業）
1　道路 　　高速自動車国道 　　首都高速道路など 　　一般国道 　　緑資源幹線林道	すべて 4車線以上のもの 4車線以上・10 km 以上 幅員 6.5 m 以上・20 km 以上	4車線以上・7.5 km〜10 km 幅員 6.5 m 以上・15 km〜20 km
2　河川 　　ダム，堰 　　放水路，湖沼開発	湛水面積 100 ha 以上 土地改変面積 100 ha 以上	湛水面積 75 ha〜100 ha 土地改変面積 75 ha〜100 ha
3　鉄道 　　新幹線鉄道 　　鉄道，軌道	すべて 長さ 10 km 以上	長さ 7.5 km〜10 km
4　飛行場	滑走路長 2 500 m 以上	滑走路長 1 875 m〜2 500 m
5　発電所 　　水力発電所 　　火力発電所 　　地熱発電所 　　原子力発電所	出力 3 万 kW 以上 出力 15 万 kW 以上 出力 1 万 kW 以上 すべて	出力 2.25 万 kW〜3 万 kW 出力 11.25 万 kW〜15 万 kW 出力 7 500 kW〜1 万 kW
6　廃棄物最終処分場	面積 30 ha 以上	面積 25 ha〜30 ha
7　埋立て，干拓	面積 50 ha 超	面積 40 ha〜50 ha
8　土地区画整理事業	面積 100 ha 以上	面積 75 ha〜100 ha
9　新住宅市街地開発事業	面積 100 ha 以上	面積 75 ha〜100 ha
10　工業団地造成事業	面積 100 ha 以上	面積 75 ha〜100 ha
11　新都市基盤整備事業	面積 100 ha 以上	面積 75 ha〜100 ha
12　流通業務団地造成事業	面積 100 ha 以上	面積 75 ha〜100 ha
13　宅地の造成の事業（「宅地」には，住宅地，工場用地も含まれる） 　　住宅・都市基盤整備機構 　　地域振興整備公団	面積 100 ha 以上 面積 100 ha 以上	面積 75 ha〜100 ha 面積 75 ha〜100 ha
○港湾計画	埋立・掘込み面積の合計 300 ha 以上	

港湾計画については，港湾環境アセスメントの対象になる．

と，港湾計画が対象事業である．対象事業は規模によって「第1種事業」と「第2種事業」に分類されている．規模が大きく環境に大きな影響を及ぼすおそれがある事業を「第1種事業」として定め，環境アセスメントの手続きを必ず行うこととされている．この「第1種事業」に準ずる大きさの事業を「第2種事業」として定め，手続きを行うかどうかを個別に判断することとしている．よって環境影響評価が行われるのは，「第1種事業」の全部と，「第2種事業」のうち手続きが必要と判断された事業，そして地方公共団体の条例で定められている事業である．

❖3.1.4 環境影響評価の手続き

環境影響評価の手続きを図 **3.1** に示す．主な環境影響評価の手続きには，スクリーニング，方法書の手続き，準備書の手続き，評価書の手続きがある．簡単に

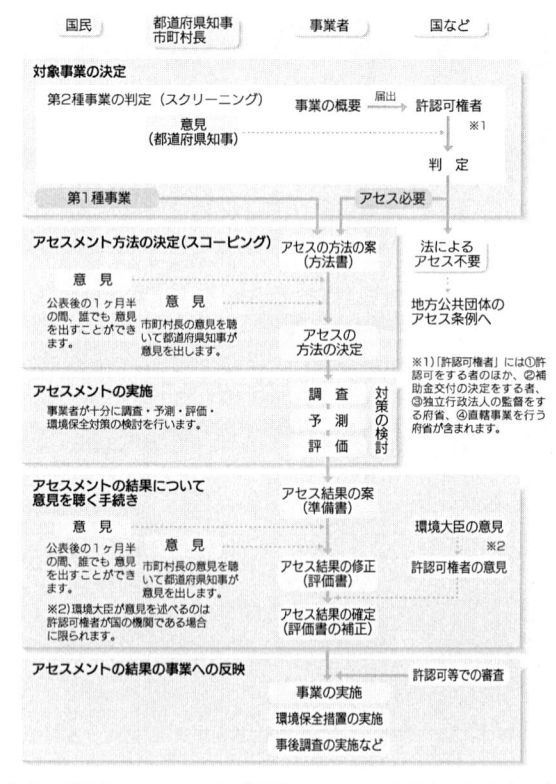

出典：環境省パンフレット「環境アセスメント制度のあらまし」
図 **3.1** 環境影響評価の手続きの流れ

言えば当該事業を環境アセスメントの対象にするかどうかを判定してから，方法書の手続きで環境影響評価の手法の案を検討して，評価を実施した結果を準備書にまとめ，他の主体の意見を取り入れつつ最終的な報告書である評価書を作成する，というものである．以下に個々の手続きについての解説を行う．

1) 第2種事業の判定（スクリーニング）

まず最初に，事業が環境影響評価をすべきものかどうかの判定を行う．事業が第1種事業に該当するならそのまま次の手続きに入り，第2種事業に該当するなら，環境アセスメントの対象とするかどうかを決めるスクリーニング（screening）手続きを行う．スクリーニングとは「ふるいにかける」という意味である．たとえ規模は小さくても環境に大きな影響を及ぼすおそれがある事業（学校や病院，そして水道水の取水口等の公共性の高い施設の近くに予定されている事業や，希少な生物の生息地に計画されている事業等）を評価の対象とすることを目的とする．スクリーニングの手続きの概略を図 3.2 に示す．判定は，事業の許認可を行う者（例：道路であれば国土交通大臣）が判定基準に従って行い，判定にあたっては都道府県知事の意見を聴くことになっている．環境影響評価を行うことが決まれば，次に方法書の手続きに入る．

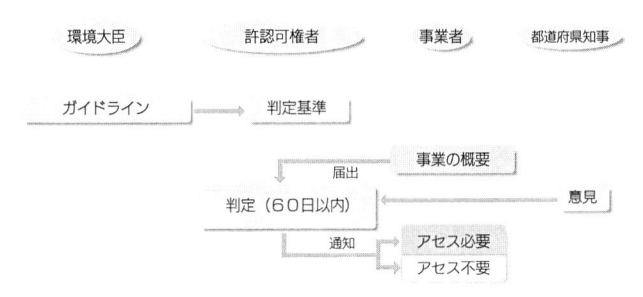

出典：環境省パンフレット「環境アセスメント制度のあらまし」
図 3.2 スクリーニング手続き

2) 方法書の手続き（スコーピング）

方法書とは，どのような項目について，どのような方法で環境アセスメントを実施していくのかという計画を示したもので，いわば，環境アセスメントの骨格を示したものである．方法書の手続きのことをスコーピング（scoping）とも言う．スコーピングとは「しぼりこむ」という意味であり，その名のとおり，アセスメントにおける評価項目や調査・予測・評価手法などを，事業の特性や地域の特性に応

表 3.4 方法書の手続き（スコーピング）の手順 [3]

① 個別の事業特性と地域の特性（自然的・社会的状況）を把握する．
② 影響要因として，工事の実施中（工事），工事完了後の土地または工作物の存在と事業活動の実施（存在及び供用）の各段階から環境影響の要因となる行為等（例えば，工事用資材等を運搬する自動車の走行）を整理する．
③ 影響要因のうち，地域特性等に応じて環境要素に対して影響を及ぼすおそれのあるものを項目として抽出し，環境影響の重大性を考慮して適切な調査・予測・評価手法を検討する．その際，事業種ごとの主務省令（技術指針）に示された標準項目・標準手法を参照し，地域特性・事業特性を勘案しながら簡略化・重点化の検討を行う．
④ 環境影響評価の項目・手法の検討結果を方法書としてとりまとめ，方法書手続を通して得られた意見や各種の環境情報を踏まえ，適切な項目及び手法を選定する．
⑤ 環境影響評価の項目・手法については，柔軟に見直ししつつ環境影響評価を進める．

じて絞り込んでいく手続きである．まず表 3.4 に示した①〜③の手順により，事業の特性・地域の特性から評価項目や手法の簡略化・重点化を行い，その結果を方法書としてとりまとめる．そして図 3.1 に示すように，方法書は 1 ヶ月半公開され，その間に市民等と都道府県知事の意見を聴く手続きが設けられており，事業者はそうした意見を踏まえてアセスメントの方法を決定する．事業計画のより早い段階で地域の環境情報や人々の環境に関する関心事を意見として聴くことによって，その意見を評価の項目などに柔軟に反映でき，また，地域の特性に合わせた環境アセスメントが行えるようにすることが方法書の手続きの目的である．

環境影響評価法以前の環境アセスメントは，事業計画の内容がかなり固まった段階で手続きが開始されていたので①環境アセスメントの結果を事業内容に反映させるのが難しい，②事業ごとの違いに対応しない画一的な評価になっている，等の問題点があった．環境影響評価法による環境アセスメントでは，スクリーニングやスコーピングの手続きの導入により，事業のより早い段階から地域の特性に応じた評価ができるようになっている．

3) 準備書の手続き

方法書の手続きの後に，実際に調査・予測・評価を実施し，その結果に基づいて準備書を作成する．準備書とは，最終的に評価書を作成する前に事前に公表される評価結果の報告書であり，項目ごとに調査・予測・評価の結果を整理し，環境保全のための措置（複数案などの検討経過も含む），事業着手後の調査，環境影響の総合的な評価などについてとりまとめたものである．事業者は，この準備書を都道府県知事・市町村長に送付する．また準備書は 1 ヶ月半一般に公開され，そ

の間に市民等の意見を聴く手続きが設けられているが，準備書の内容は非常に詳細で幅広いことから，事業者は内容の周知を図るための市民向け説明会も開催する．その後事業者は市民等から提出された意見の概要とその意見に対する見解を都道府県知事と市町村長に送付し，その後都道府県知事は市民等の意見を踏まえて，事業者に意見を述べる．

4) 評価書の手続き

事業者は，準備書手続で得られた市民や都道府県知事等の意見を踏まえて，「環境影響評価書」を作成する．評価書について，環境大臣は必要に応じ許認可等を行う行政機関に対し意見を述べ，許認可等を行う行政機関は環境大臣の意見を踏まえて事業者に意見を述べる．事業者は，これらの意見をもとに評価書を再検討し，環境影響評価手続の成果として最終的に評価書を確定する．評価書は都道府県知事，市町村長，事業の許認可を行う者に送付する．また，事業者は評価書を確定したことを公告し，1ヶ月縦覧する．

5) 事業計画への反映

評価書が確定し，1ヶ月の縦覧が終わると環境アセスメントの手続きは終了する．しかし，環境アセスメントの本来の目的は，手続きが正しく行われることではなく，評価の結果が実際の事業計画に反映され，環境保全が行われることで達成される．そのため最終的に事業を行って良いかどうかを判断する行政機関（事業の許認可や補助金交付を行う行政機関）によるチェックがなされることが望ましいが，事業に関する法律（道路法，鉄道事業法など）に基づく許認可や補助金の交付にあたっての審査では，事業が環境保全に配慮しているかどうかの条項が含まれていない場合がある．そこで，環境影響評価法では，環境の保全に配慮していない場合は許認可や補助金の交付をしないようにする規定を設けている．

6) 事後調査

事後調査とは，工事中および供用後の環境の状態を把握する調査のことで，事業者はその結果を踏まえ，評価書に記載された環境保全対策を実際に行う必要があるかどうかを判断する．事後調査はすべてのケースで行われるわけではなく，その必要性は，①予測の誤差が大きい可能性がある場合，または②実績の少ない環境保全対策を行う場合等に環境影響の重大性に応じて検討する．

事後調査の結果については，今後の対応の方針も含め，原則として公表されることになっている．

❖3.1.5 環境影響の予測手法 [4]

ここまでは環境影響評価の手続きを重点的に説明したが，ここでは，実際に環境への影響をどのように予測・評価するかについて，水環境への影響の予測・評価を例に説明したい．環境影響の予測作業の流れは図 3.3 のようなものである．まず，影響を受ける側の水環境（水象条件）の現況を調査し，汚染発生源の特性を把握する．次に，拡散モデルの設定を行う．水域では，川の流れやその勢いで拡散の仕方が異なるので，そのつど適したモデルを検討し，選択する．そして，水量や流れの速さ，温度等のモデルに必要なデータを作成したうえで，複数のシナリオを設定し，それに基づいて予測を行う．

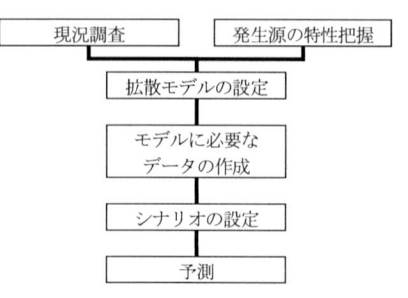

図 3.3 環境影響の予測作業の流れ

1) 水環境の現況調査

その水域の水の汚れの分布や濃度の変動に影響を及ぼす流れの現況について，流量，流向，流速，水温について文献その他の資料調査や，現地調査（現地踏査）によって把握する．調査は，表 3.5 に示すような対象水域の水環境における自然的状況と社会的状況に係る項目を対象に，基本的に既存資料の収集・整理および現

表 3.5 水環境に係わる主な調査項目 [4]

〈自然的状況〉
- 水質・底質の状況
- 河川流量，湖沼の回転率，海域の潮流等の水理状況
- 干潟・藻場を始めとする物質循環上重要な機能を有する場の分布とその状況
- 水質・底質に影響を与える可能性のある自然的地理条件の有無
- 水質・底質がその生息・生育基盤となる動植物及び生態系の状況
- 水質・底質がその資源性の要素となる景観及び人と自然との触れ合いの活動の場の分布とその状況　等

〈社会的状況〉
- 人口及び産業の状況
- 土地利用，水域利用の状況
- 水質の影響を受けやすい施設（取水施設など）等の状況
- 下水道整備の状況
- 法令・基準等の状況　等

地踏査により行い，必要に応じて有識者などへのヒアリングを行う．特に現地踏査は，環境影響評価に十分な経験を持つ技術者が対象地域内を踏査することにより，既存資料調査で把握した地域情報の確認・修正や補完を行う上で重要である．

調査範囲は，水域・水系のネットワークがどのようにつながっているか，という連続性を考慮して設定するが，事業実施による影響が想定される範囲より広めの水域を対象とするのが一般的である．

2) 発生源の特性

環境影響の発生源，つまり事業の特性について把握を行う．例えば廃棄物埋立処分場の建設による水質の環境影響を評価したい場合は，水質・底質に係る事業特性として，**表 3.6** に挙げたような項目について整理する．事業計画の内容が固まっていない早期の段階では，特に工事の実施に係る項目など，詳細の把握が難しい場合があるが，その場合は類似事例等を参考に想定される内容について把握する．

表 3.6 項目選定及び調査・予測・評価の手法選定に必要となる事業特性（廃棄物の埋立処分場の場合）

- 埋立処分場事業実施区域の位置
- 処分場の総面積，施設面積，埋立面積，埋立容量，覆土容量
- 工事計画の内容，施工手順，工程・工事期間，工事車両のルート等
- 処分される廃棄物の種類及び量
- 処分場の埋立構造，主要施設，管理施設，道路等の構造
- 浸出水の処理量，処理手法，処理後の水質等
- その他：廃止までの維持管理計画等

3) 拡散モデルの設定

何らかの施設ができ，その施設からの排水が湖や河川に放流水が入る場合，その水域の水質がどう変化するか，環境基準等の目標値を超えないか，という予測をするためにモデルが使われる．水質汚濁物質が河川の中に入ったとき，それがどのように拡散していくかを予測するのが拡散モデルである．モデルは水域での水質現象を数値で説明しようとする際に有用で，水の流れや汚濁物質の挙動を数式化することにより，現象を抽象化し，何回実験をやっても同じ結果が出るという再現性をもたせることができる．実際の計算では，入り込んだ汚濁物質が水域でどのように拡散するかを計算するために，水域の形，水理条件，汚濁水の流入条件などをできる限り単純化して数式を適用する．一方で設定された数式の適合性に関しては，トレーサーによる現地観測等を行って検証する必要がある．

水の拡散には

①移流拡散 ： 水の流れで拡散

②乱流拡散 ： 水流の乱れで拡散

の2種類があり，これらの拡散モデルを軸に，その他の要因（物質の水底への沈殿，生物による分解や新たな物質への合成等）を付加してモデルは作られている．表3.7に水質汚濁物質の拡散モデルの主なものを示す．

表 3.7 水質汚濁物質の拡散モデル

種類	概要	適用範囲
完全混合	排出量が少ない汚染物質が水域で完全に混合した場合．	主に非感潮河川
ストリータ・フェルプス（自浄モデル）	流れが等速で，横断方向の水質は一様と仮定した場合の拡散方程式．汚染物質が評価地点に到達する間に分解し，再曝気され回復する過程をモデル化．	主に非感潮河川
ボックス（混合モデル）	対象とする水域をいくつかの区間に分割し，区間ごとの汚染物質の収支を拡散式で表現．	潮汐の卓越した幅5kmまでの海湾，感潮河川
点源汚濁拡散	一様な一方向の定常波が存在していると仮定した場合の拡散方程式．2次元の無限の広がりを持つ海洋で点状の汚染源から連続的に汚染物質が放出．	海域
ジョセフ・ゼンドナー	点状汚染源から連続的に一定の速度を持った排水が，一定の厚さで半円形または扇形に拡散．	流れの影響が少ない海域や湖沼
数値シミュレーション	流体力学の運動方程式と連続方程式，そして物質の拡散方程式の3式を基本に各種の条件を負荷したモデル．	さまざまな水域
水理模型	地形の模型を作成，実験的に水質汚濁現象を予測．	さまざまな水域

実際の予測を行う場合は，その前提条件やモデルの選択に関しては詳細なマニュアルやガイドラインがあり，評価者はそれに基づいてモデルを選定する．

4) シナリオの設定

水量や流れの速さ，温度等のモデルに必要なデータを作成したうえで，発生源から水質汚濁物質はいつ，どれくらいの量，どのくらいの期間出てくるか等について複数のシナリオを設定する．事業計画中のいつの影響を予測するかについては，対象事業に係る影響要因や事業特性の内容に応じて工事の実施，土地又は工作物の存在，施設の供用等の期間に分け，それぞれの期間で水質への影響が最大となる時点を設定することが基本となる．なお，予測を行う地域の範囲は対象事業による影響を十分にカバーする範囲を設定する．予測範囲の設定における留意点については表3.8に示す．

表 3.8　予測範囲の設定における留意点

〈河川〉 　対象事業による排水等が流下する際に，河川水により希釈されてその影響がほぼ及ばなくなると判断される範囲が対象となる． 〈比較的小規模な湖沼〉 　湖沼全域ないしは影響の程度に応じ，流出河川の下流域について上記の河川と同様の考え方で範囲を設定する． 〈海域や規模の大きな湖沼〉 　数値シミュレーションを実施する場合に，境界条件の設定の仕方が予測結果に大きな影響を及ぼさないよう，以下のような配慮が必要となる． ● 事業の影響が境界にまで及ばないように留意して範囲を設定する． ● 境界は海峡部等の地形的に狭くなっている場所の外側に設定する． ● 流れの計算で必要な潮位変動や流速変動，水質の計算で必要な水質測定データ等が十分な空間的および時間的頻度で測定されている，あるいは知られている場所に境界を設定する．

こうして設定したシナリオに基づき，モデルによる解析によって予測を行う．以上が，予測手法の主な流れである．

❖3.1.6　評価の考え方[4]

　環境影響の予測を行った後，または予測に基づいて環境影響の回避・低減措置等を検討した後は，その結果についての評価を行う．環境影響評価法における評価の考え方は以下に示す①，②の2種類あり，これらのうち①の視点からの評価は必ず行う必要がある．また②に示されるような基準または目標等がある場合には，②の視点からの評価についても必ず行う必要がある．①，②両方の評価を行う場合は，②の基準値との整合が図られた上でさらに①の回避・低減の措置が十分であることが求められる．

　①　環境影響の回避・低減に係る評価

　対象事業の実施において，環境影響が適切に回避され，または低減されているかどうかについて評価する．その評価は，幅広い環境保全対策（建造物の構造・配置のあり方，環境保全設備，工事の方法等を含む）を対象として複数の案を比較検討したり，実行可能なより良い技術が取り入れられているかどうかを検討したりすることによって行う．

　②　国または地方公共団体の環境保全施策との整合に係る検討

　国または地方公共団体による環境基準，環境基本計画等によって環境要素に関する基準または目標が示されている場合，それらが達成されているかどうかにつ

いて，予測結果との整合性を検討する．

❖3.2 生活環境影響調査

　法に定められた廃棄物処理施設の設置許可を申請する場合には，施設計画に係る申請書類と併せて，施設の設置が周辺の生活環境に与える影響を事前に評価し，その報告書を提出することが義務づけられている．表3.9に生活環境影響調査の実施が求められる廃棄物処理施設の種類と規模を示す．この評価のことを生活環境影響調査という．環境影響評価法に基づく環境アセスメントとの違いは二つある．一つは，環境アセスメントを実施するかどうかは事業規模とスクリーニングによって決まるのに対し，生活環境影響調査は設置許可が必要な施設すべてが対象となること．もう一つは，環境アセスメントの調査項目は生活環境から生物多様性，地球環境負荷等まで幅広くカバーしているのに対し，生活環境影響調査の調査項目は大気汚染，水質汚濁，騒音，振動，悪臭の5つの生活環境の項目に限られていることである．

　廃棄物処理施設に係わる設置の許可手続きと生活環境影響調査の関係を図3.4に示す．1997年「廃棄物の処理及び清掃に関する法律」が改正され，申請書及び生活環境影響調査の縦覧，住民，市町村長の意見聴取等が盛り込まれ，設置の許可手続き等が強化された．また，生活環境の保全に対する配慮もより厳しく求め

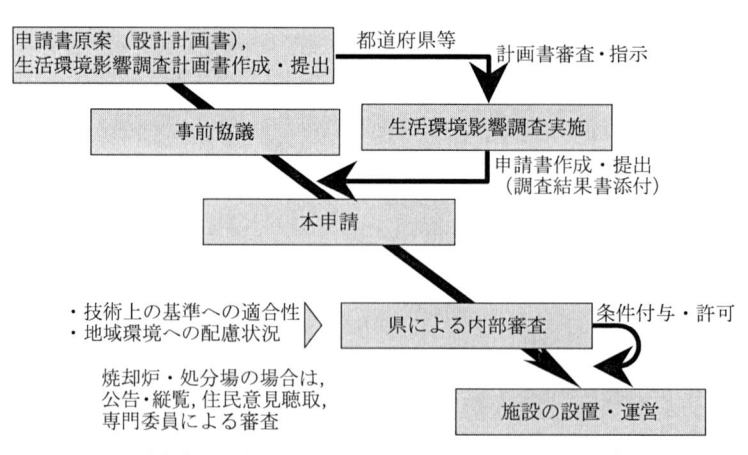

図3.4　廃棄物処理施設に係わる設置の許可手続きと生活環境影響調査

表 3.9 生活環境影響調査の実施が求められる廃棄物処理施設

施設の種類		許可申請を要する規模要件
焼却施設	汚泥（PCB 処理を除く）の焼却施設	処理能力 5 m³/日超 or 200 kg/時以上
	廃油（廃 PCB 等を除く）の焼却施設	処理能力 1 m³/日超 or 200 kg/時以上 or 火格子面積 2 m² 以上
	廃プラ類（PCB 汚染物・PCB 処理物を除く）の焼却施設	処理能力 100 kg/日超 or 火格子面積 2 m² 以上
	廃 PCB 等，PCB 汚染物または PCB 処理物の焼却施設	すべて
	上記以外の産廃焼却施設	処理能力 200 kg/日超 or 火格子面積 2 m² 以上
上記以外の中間処理施設	汚泥脱水施設	処理能力 10 m³/日超
	汚泥乾燥施設	処理能力 10 m³/日超（天日乾燥施設は 100 m³/日超）
	廃油の油分分離施設	処理能力 10 m³/日超
	廃酸または廃アルカリ中和施設	処理能力 50 m³/日超
	廃プラ類破砕施設	処理能力 5 t/日超
	木くずまたはがれき類の破砕施設	処理能力 5 t/日超
	カドミウム含有汚泥のコンクリート固形化施設	すべて
	水銀含有汚泥のばい焼施設	すべて
	汚泥，廃酸または廃アルカリに含まれているシアン化合物分解施設	すべて
	廃 PCB 等または PCB 処理物の分解施設	すべて
	PCB 汚染物または PCB 処理物の洗浄・分離施設	すべて
最終処分場	最終処分場（遮断型，安定型，管理型）	すべて

（注）網掛けの施設は，公告・縦覧等の手続きを要する施設

られるようになった．生活環境影響調査の流れを図 3.5 に示す．調査の流れと手法自体は，環境アセスメントとほぼ同じである．

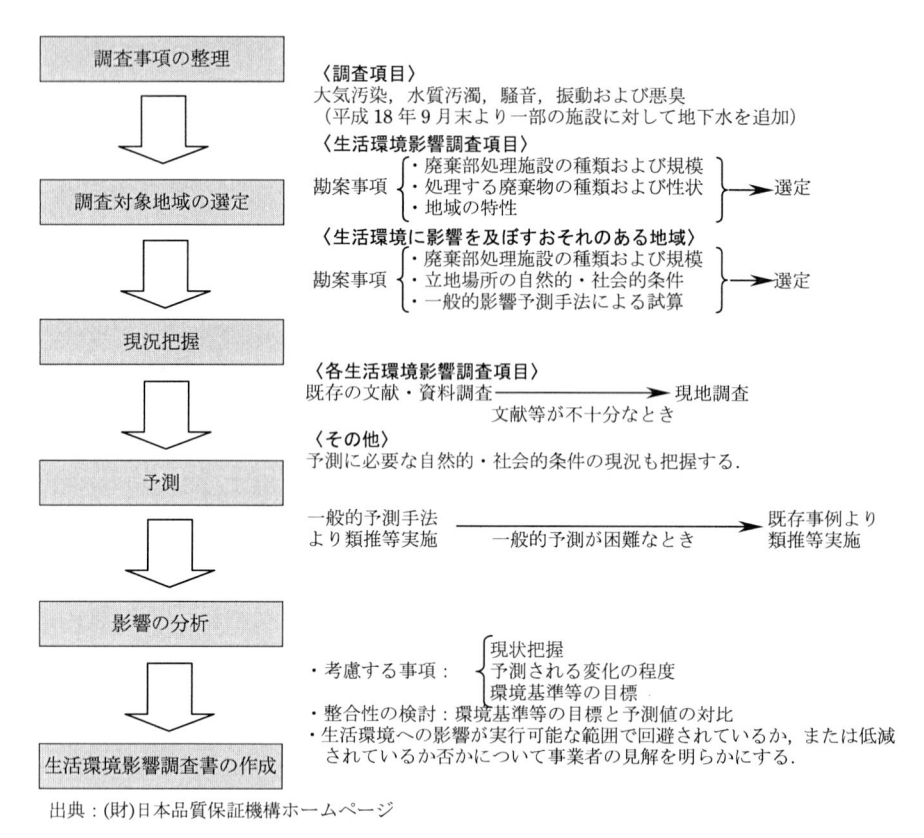

```
┌─────────────────┐
│  調査事項の整理  │     〈調査項目〉
└────────┬────────┘     大気汚染，水質汚濁，騒音，振動および悪臭
         ▼              （平成18年9月末より一部の施設に対して地下水を追加）
┌─────────────────┐     〈生活環境影響調査項目〉
│ 調査対象地域の選定 │          ┌・廃棄部処理施設の種類および規模┐
└────────┬────────┘    勘案事項 {・処理する廃棄物の種類および性状} →選定
         ▼                     └・地域の特性                  ┘
┌─────────────────┐     〈生活環境に影響を及ぼすおそれのある地域〉
│    現況把握     │          ┌・廃棄部処理施設の種類および規模    ┐
└────────┬────────┘    勘案事項 {・立地場所の自然的・社会的条件     } →選定
         ▼                     └・一般的影響予測手法による試算     ┘
┌─────────────────┐     〈各生活環境影響調査項目〉
│      予測       │     既存の文献・資料調査 ――――――→ 現地調査
└────────┬────────┘                    文献等が不十分なとき
         ▼              〈その他〉
                        予測に必要な自然的・社会的条件の現況も把握する．

                        一般的予測手法                        既存事例より
                        より類推等実施 ―― 一般的予測が困難なとき ―→ 類推等実施
┌─────────────────┐
│    影響の分析   │
└────────┬────────┘                    ┌現状把握
         ▼              ・考慮する事項： {予測される変化の程度
                                        └環境基準等の目標
                        ・整合性の検討：環境基準等の目標と予測値の対比
┌─────────────────┐     ・生活環境への影響が実行可能な範囲で回避されているか，または低減
│生活環境影響調査書の作成│       されているか否かについて事業者の見解を明らかにする．
└─────────────────┘
```

出典：(財)日本品質保証機構ホームページ

図 3.5　生活環境影響調査の流れ

3.3　環境アセスメント事例
―海面埋立処分場における環境アセスメント―[5]

　ここでは，実際に環境アセスメントが行われた事例として，岡山県の海面埋立処分場のケースを紹介する．

3.3.1　事業の概要
　この事業は，岡山県の環境保全事業団が，倉敷市の臨海部に新たに最終処分場を作ろうというものである．事業実施区域の位置と近隣施設の位置関係を図 3.6

図 3.6 事業実施区域の位置

に示す．最終処分場の規模は，埋立区域の面積 44.5 ha で，供用期間の 20 年間に 490 万 t（430 万 m^3）の廃棄物を受け入れる計画である．

❖3.3.2 環境影響評価の項目

環境影響評価の項目の選定をする際は，まず事業のどの段階が主に環境に影響を与えるか？　という影響要因を明確にし，それぞれの影響要因に対応する環境

表 3.10 環境影響評価の項目の選定

影響要因の区分 環境要素の区分	工事の実施 最終処分場の設置の工事 （護岸の工事）	土地または工作物の存在および供用 最終処分場の存在 （埋立地の存在）	廃棄物の埋立 （埋立の工事）
大 気 質	○	—	○
騒 音	○	—	○
振 動	○	—	○
悪 臭	○	—	○
水 質	○	○	○
底 質	—	○	○
地形および地質	—	○	—
動 物	○	○	○
植 物	○	○	○
生 態 系	○	○	○
景 観	—	○	—
人と自然との触れ合いの活動の場	○	○	○
廃棄物等	○	—	○
温室効果ガス等	○	—	○

注 1. ○印は，環境影響評価項目として選定したものを示す．
　 2. 影響要因の区分の欄の（ ）内は，対象埋立事業における影響要因の区分を示す．

要素を選定して環境影響評価の項目とする．この事業では，処分場を設置するときの工事の影響（護岸の工事），臨海部に処分場が存在すること自体の影響（埋立地の存在），処分場に廃棄物を埋め立てる作業の影響（埋立の工事）の3つの段階が影響要因とされ，各特性と周辺地域の特性に基づいて14項目の環境要素が選定された．**表 3.10** は選定した事業による影響要因と環境影響評価項目との関係を示したものである．○印をつけた項目および影響要因についてそれぞれ現況調査と予測・評価が行われた．

❖3.3.3 現況調査・予測および評価の結果

次に現況調査・予測および評価の結果について紹介する．実際の予測および評価結果の資料は膨大なため，今回は大気質の結果に絞って簡単に紹介したい．
なお，予測した結果の評価は，次の観点から行われた．
① 影響が実行可能な範囲で回避・低減されているか，環境保全への配慮がな

されているか
② 国または地方公共団体による環境保全に関する基準または目標に整合しているか

1) 大気質の環境の現況

二酸化硫黄，二酸化窒素，SPM，ベンゼンそれぞれについて対象事業区域周辺の倉敷市の環境大気測定局での過去5年間の測定結果を見ると，今回の予測地点である対象事業実施区域に近いゴルフ場および国道430号沿道の大気環境はどの物質の濃度も大気汚染に係る環境基準を満足していた．

2) 大気質の環境影響予測と評価

① 建設機械等の稼働による影響（護岸の工事）

護岸工事および廃棄物埋立に係る建設機械等からの排出ガスについて影響を予測した結果，事業実施区域の周辺で一般市民の利用がある予測地点（ゴルフ場）における付加濃度（事業によって現況より高くなる濃度）の割合は1%以下，予測地点の長期評価値はすべての項目で環境基準を満足することから，影響程度は極めて小さいと考えられる．

以上の結果は，一般住居地区に近接しない地域を事業実施区域として選定したことによるものであり，さらに計画では排出ガス対策型の機械を使用することなどから，影響をできる限り回避・低減していると考えられる．

② 運搬車両等の走行による影響（埋立の工事）

護岸工事と廃棄物埋立のための車両が重複して使用される時期を対象にアクセスルート沿道への影響を予測した．予測の結果，増加する交通による付加濃度の割合は1%以下，沿道での長期評価値はすべての項目で環境基準を満足することから，影響程度は極めて小さいと考えられる．

また，護岸工事中の資材搬入の大部分は海上輸送するとともに，陸上輸送分の一部（トラックミキサ車）は搬入口周辺に民家のない工業地帯を利用することなど交通の流れの分散化や合理的な運行を徹底することから，事業影響をできる限り回避・低減していると考えられる．

上記のような環境影響の予測と評価を**表3.10**で示した他の環境要素でも行い，その上で事業としてその影響の回避・低減のために講じられる措置が検討される．この事業で講じることになった環境保全のための措置を**表3.11**に示す．

また，この事業が計画されている岡山県の環境影響評価に関する条例では，事業の開始から完了後までに環境影響評価の結果と実際の環境影響に大きな差がな

表 3.11 環境保全のための措置

環境要素	環境保全のための措置
大気質，騒音，振動，動物，人と自然とのふれあい活動の場，温室効果ガス等	・過大な建設機械類の使用を極力控えると共に，待機中の機関停止（アイドリングストップ）や空ぶかしの禁止などを施工業者に指導する． ・工事資材の搬入，廃棄物の搬入に際して，退出時の洗車を指導する．
騒音・振動	施工計画の集中を避け，新鋭の低騒音・低振動型機種を使用する．
悪臭・水質	・廃棄物の受け入れに当たって，厳正な書類審査および現地審査を行い，受け容れ基準に適合した廃棄物のみを処分する． ・必要により即日に覆土（廃棄物を土で覆うこと）を行い，悪臭発生を防止する．
水質・底質・動物・植物・生態系・人と自然のふれあいの場	・段階的な覆土等により処理すべき浸出水（廃棄物からしみだしてくる水）の量の削減に努める． ・護岸工事中，施工区域の周辺に垂下式と自立式の二重の汚濁防止膜を設置する．
動物・植物・生態系	埋立完成時において，最終処分場の存在に伴う鳥類と海生生物への影響の程度を把握するための調査を実施し，予測結果を検証する．
景観	埋立工事完了後には，できる限りすみやかに緑化を行う．
廃棄物等	・撤去する既存護岸等の捨石および被覆石，道路工事の掘削土砂の全量を本事業で再利用する． ・直接利用できない廃棄物は，分別・貯留した後，専門業者に委託し適正に再資源化処理等を行う．
温室効果ガス等	・作業員の通勤については，乗り合わせ等により発生交通量を削減するように指導する． ・護岸等の舗装には，再生アスファルトコンクリートを積極的に使用する．

岡山県環境保全事業団，公共関与臨海部新処分場に係る環境影響評価書の要約書，2005 年より一部抜粋

いかどうか，調査を行うことが定められている．そこでこの事業では，護岸工事の着工から廃棄物による埋立完了後まで，環境影響評価に係る予測の検証および環境保全措置の効果の確認を行い，並行して予測し得なかった問題等を把握して事業の実施に反映させるため，環境管理調査を行っている．各環境要素の環境管理調査の計画を**表 3.12** に示す．

環境管理調査の結果については，毎年度とりまとめ後，県および倉敷市へ報告するとともに，市民にも閲覧できるように整備する予定となっている．

3.3 環境アセスメント事例―海面埋立処分場における環境アセスメント―

表 3.12 環境管理調査計画

環境要素	環境管理調査計画
大気質	・粉じん発生に対する環境保全措置の実施状況を確認する．
騒音・振動	・護岸工事中の建設機械類の稼働に伴う騒音・振動の状況把握のため，予測地点とした水島ゴルフリンクスクラブハウスにおいて騒音・振動レベルを測定する． ・本事業に係る車両の走行に伴う騒音・振動の状況把握のため，予測地点とした付替後の国道 430 号沿道において騒音・振動レベルを測定する．
悪臭	・廃棄物埋立中の処分場近傍および廃棄物搬入ルート沿道で，悪臭測定を行う．
水質	・埋立地の存在による水の流れへの影響確認のため，潮流調査を行う． ・護岸工事中，廃棄物埋立中および完了後に周辺海域の水質を調査する． ・護岸工事中の汚濁防止措置の実施状況を確認調査する．
底質	・廃棄物の埋立開始後，周辺海域の底質の状況を調査する．
動物,植物,生態系	・鳥類について，各埋立完了後に埋立地内の生息状況を調査する． ・海生生物について，埋立開始後に定期的に，周辺海域の生息・生育状況を調査する．
景観	・事業進捗の各段階ごとに，景観変化の程度を確認調査する．
廃棄物等	・護岸工事中の撤去物等の再利用状況を確認調査する．
温室効果ガス等	・護岸工事中の地球環境保全に関する対策項目の実施状況を確認調査する．

演習問題（第3章）

以下の説明文には，それぞれ誤りがある．正しい文章に訂正しなさい．

(1) 環境影響評価とは，環境に大きな影響を及ぼすおそれがある事業について，その事業の実施後に，その事業の環境への影響を調査，予測，評価することをいう．
(2) 環境影響評価法に基づく環境アセスメントの第1種事業のうち，規模にかかわらず環境アセスメントを行うのは高速道路，新幹線鉄道，原子力発電所，廃棄物最終処分場である．
(3) 地方公共団体が条例によって定める環境アセスメント制度では，環境影響評価法と比べて対象事業の種類を少なくすることができ，またより小規模の事業を対象にすることができる．
(4) 環境影響評価の手続きは，スクリーニング→準備書の手続き→スコーピング→評価書の手続きの順で行われる．
(5) スクリーニングやスコーピングが導入されたことにより，環境影響評価法による環境アセスメントでは事業内容が確定した段階で地域の特性に応じた評価ができるようになった．
(6) 環境影響評価法における評価の考え方は，① 環境影響の回避・低減に係る評価と② 国または地方公共団体の環境保全施策との整合に係る検討がある．これらのうち②の視点からの評価は必ず行う必要があり，また①に示される基準または目標等のある場合には，①の視点からの評価についても必ず行う必要がある．
(7) 生活環境影響調査の調査項目は大気汚染，水質汚濁，騒音，振動，悪臭，生態系の6項目である．

引用・参考文献

[1] 環境アセスメントの最新知識,環境影響評価制度研究会,ぎょうせい,2006
[2] パンフレット「環境アセスメント制度のあらまし」,環境省総合環境政策局環境影響評価課,http://www.env.go.jp/policy/assess/pamph/index.html
[3] 環境影響評価情報支援ネットワークHP,http://assess.eic.or.jp/1-1guide/2-7.html
[4] 大気・水・環境負荷分野の環境影響評価技術検討会中間報告書「大気・水・環境負荷分野の環境影響評価技術 (II)〈環境影響評価の進め方〉」,環境省,2001
[5] 岡山県環境保全事業団,公共関与臨海部新処分場に係る環境影響評価書の要約書,2005年,http://www.kankyo.or.jp/w_jigyo/jigyou7.html

第4章 リスクアセスメント

　私たちが社会システムを運用するにあたっては，必ず環境リスクが伴う．道路を建設すれば，建設に伴う自然破壊や建設後の排気ガスによる環境影響が伴うし，廃棄物処理施設を建設すれば，焼却炉からの排ガス等による環境影響は（現在の処理技術ではほとんど心配ないレベルとはいえ），ゼロではない．また，環境対策にも資源やエネルギーは必要であり，二酸化炭素排出等の地球環境レベルのリスクが伴う．そうしたリスクをどこまで減らすか，そしてどこまで受容すべきかで社会システムそのものの計画や運用の仕方も変わってくるので，その意志決定には合理性と透明性が求められる．リスクの合理的な管理のために定量的に影響評価することを「リスクアセスメント（Risk Assessment）」，リスクアセスメントの結果をうけてリスクを管理するための方策を検討，決定，実施することを「リスクマネジメント（Risk Management）」という[1]．また，リスクに関する意志決定はリスク管理者だけの問題ではなく，市民等の関係者に理解をしてもらうことが不可欠であり，そのためにリスクアセスメントやリスクマネジメント等について関係者間で

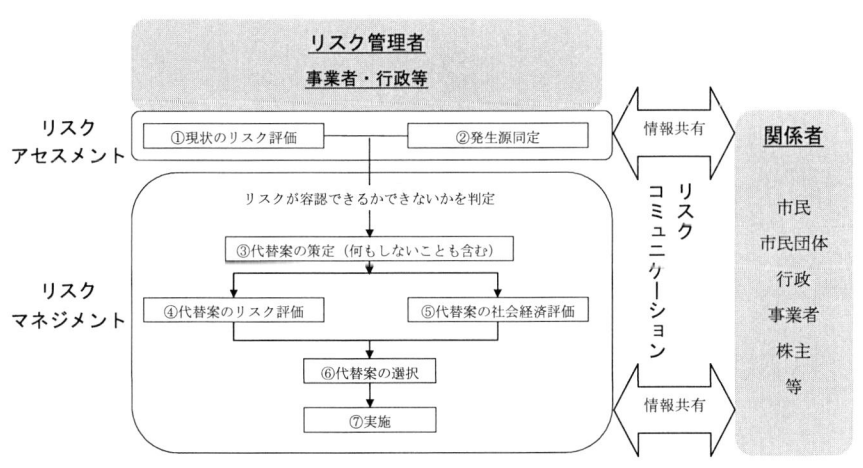

中西準子ほか編「環境リスクマネジメントハンドブック」朝倉書店，2003 の図を改変

図 4.1　リスク管理の枠組み

情報を共有することを「リスクコミュニケーション（Risk Communication）」という[2]．リスクアセスメントとリスクマネジメント，そしてリスクコミュニケーションによるリスク管理の枠組みを図 4.1 に示す．

本章では，まずリスクおよび環境リスクの概念について，そして私たちのリスクの捉え方（リスク認知）について確認し，その上でリスクアセスメント，リスクマネジメント，そしてリスクコミュニケーションについてそれぞれ解説を行いたい．

❖4.1　リスクの概念とリスク認知

❖4.1.1　リスクの概念

(1) リスクとは？

「リスク」と聞いて，人々が想像するイメージはさまざまであろう．なんとなく将来起こる可能性のある危険なこと，良くないことを指していると考える人が多いと思われる．リスクの定義にはさまざまなものがあり，これが正しいというものは特に選べないが，リスク評価およびリスク管理に関する書籍によく引用されるのが，アメリカ大統領・議会諮問委員会報告書[3]による定義

　　A：「良くない出来事が起こる可能性」に，B：「その良くない出来事の重大さ」を掛けたもの

である．どんな事象を「良くない出来事」と捉えるかは人々の主観によるだろうし，その「良くない出来事の重大さ」も人によって異なるだろう．つまり，すべての出来事（事象）はリスクとして捉えられる可能性があり，それが起こる確率と影響の大きさを掛け合わせて定義されると言い換えることができる．本章では，上の定義を広義のリスクとする．広義のリスクの定義と，交通事故によるリスクの例を表 4.1 に示す．これをみてもわかるように，同じ交通事故でもリスクのあ

表 4.1　リスクの定義とリスクの例

【リスクの定義】 リスク＝①良くない出来事が起こる可能性×②良くない出来事の重大さ
【リスクの例：交通事故の場合】 健康のリスク：交通事故の起こる確率×交通事故で負うケガの大きさ 経済的リスク：交通事故の起こる確率×入院費用・車両修理費用・賠償費用・保険費用等 社会的リスク：交通事故の起こる確率×事故を起こしたことによる社会的信用の低下

りようは健康のリスク，経済的リスク，社会的リスク等，さまざまであり，「良くない出来事」の数だけリスクがある，ともいえるだろう．

(2) 環境リスク

「環境リスク」とは，人間の活動によって生じた環境の汚染や変化が，結果的に人の健康や生態系に悪影響を及ぼす可能性とその影響の大きさのことをいう．たとえば，私たちの産業活動や一般家庭から排出される化学物質は，固体として，気体（もしくは空気中に浮遊する粒子）として，または液体（もしくは液体に溶けた状態）として土壌，大気，水域をめぐり，分解されたり化学変化を起こしたりしながら循環する．その過程で，それらの物質は，我々人間の健康や生態系に悪影響を与える可能性がある（例：有機水銀による水俣病，トリハロメタン等の地下水汚染による健康被害，有機スズ化合物の生物濃縮による生態系への影響等）．以上のような化学物質による環境リスクは，

A：「化学物質の暴露量」に B：「その化学物質の毒性」を掛けたもの

で表され，後段のリスクアセスメントの項でその評価手法を解説する．

また，化学物質の毒性による影響以外でも，フロンガスによるオゾン層の破壊によって生じる皮膚ガンや，二酸化炭素やメタンガスによる地球温暖化によって引き起こされる様々な影響，土壌浸食や砂漠化による生態系の破壊等も環境リスクに含まれる．

❖4.1.2　私たちが感じるリスク―リスク認知―

前項 4.1.1 で述べたように，リスクとは①「良くない出来事が起こる可能性」に，②「良くない出来事の重大さ」を乗じたものである．しかし人々がリスクについて考えたり，何らかの判断を行ったりする場合，科学的なリスクデータに基づいて判断するとはかぎらない．人々は，リスクの存在を知ったとき，自らの「リスク認知」に基づいて判断を行う．「リスク認知」とは，リスクを人々がどのように受けとめているか，ということである．つまりリスク認知とは，リスクの主観的な解釈とも言い換えることができる[4]．リスク認知研究の先駆者である Slovic は「リスクアセスメントに高度な技術を導入しても，大部分の人々はいわゆるリスク認知と呼ばれる直感的なリスク判断に依存している．」と指摘している[5]．つまり，リスクアセスメントに基づいた客観的な「リスク」と，人々の主観に基づいた「リスク認知」にはへだたりがある可能性があり，その可能性を前提にリスクについての情報交換を行う必要があるということである．人々はリスクについ

ての情報を得た後，情報を取捨選択し，過去の経験を活用しながら自分なりに処理（推論）し，理解し，行動する．そのプロセスの一つ一つにリスクの認知は影響され，変化する可能性をもっている．

(1) リスク認知を構成する成分

人々がリスクを認知する際，どのような枠組みで認識を行うだろうか？　その問いに対して，Slovic はリスク認知を構成する成分は「恐ろしさ」，「未知性」，「規模の大きさ」の3因子であることを社会調査を通じて明らかにしている[5]．特に「恐ろしさ」と「未知性」の2因子は，多くの研究で，どのようなリスクにおいても安定して抽出されることがわかっている．表 4.2 に，「恐ろしさ」を構成する尺度，表 4.3 に，「未知性」を構成する尺度を記す．また，1980 年代のアメリカ人を対象にした調査に基づいて，「恐ろしさ」と「未知性」の2次元平面座標に複数

表 4.2 「恐ろしさ」を構成する尺度 [5]

コントロール不可能 ⟺ コントロール可能
恐ろしい ⟺ 恐ろしくない
世界的にカタストロフィック ⟺ 世界的にカタストロフィックでない
結果が致命的 ⟺ 結果が致命的でない
不公平 ⟺ 公平
カタストロフィック ⟺ 個人的
将来の世代にとってリスクが及ぶ ⟺ 将来の世代にリスクが及ばない
リスクの軽減が容易でない ⟺ リスクの軽減が容易
リスク増大傾向 ⟺ リスク減少傾向
自発的でない ⟺ 自発的

表 4.3 「未知性」を構成する尺度 [5]

観察不可能 ⟺ 観察可能
接触している人が知らない ⟺ 接触している人が知っている
影響が遅延的 ⟺ 影響が速効的
新しい ⟺ 古い
科学的に不明 ⟺ 科学的に解明されている

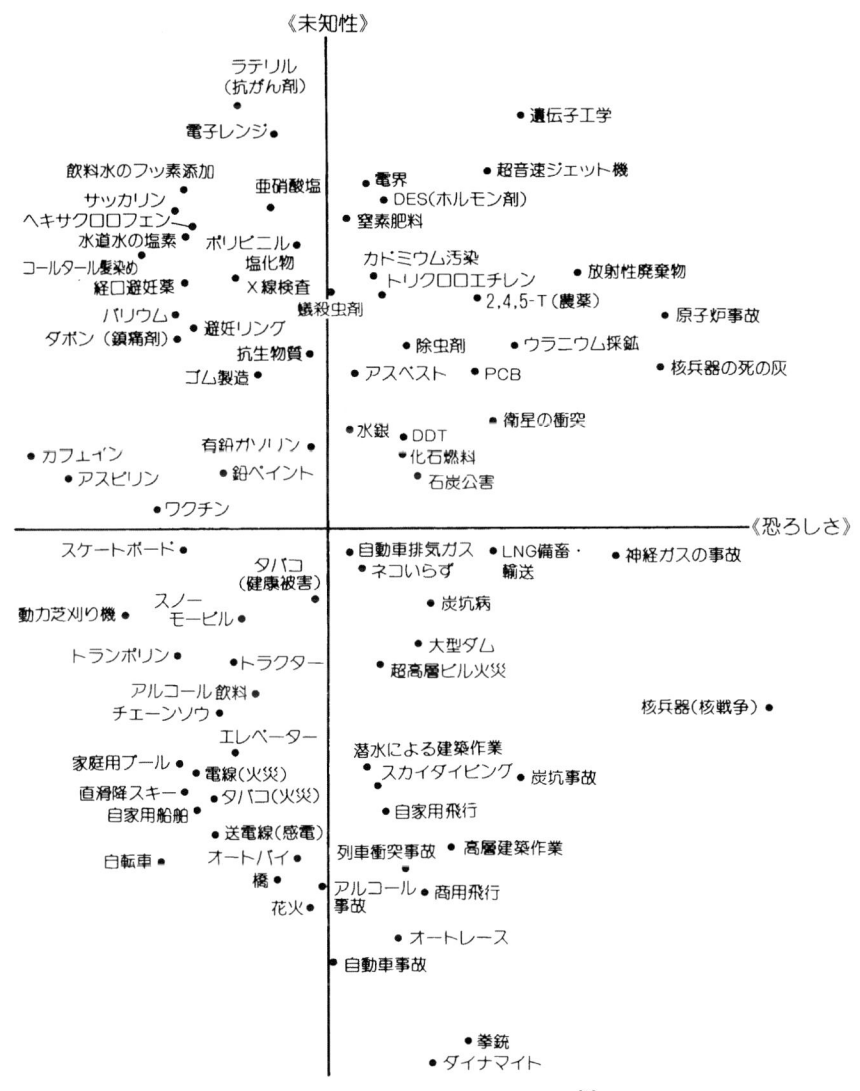

図 4.2 アメリカ人のリスク認知図 [6]

のリスク事象をプロットした図を図 4.2 に示す．

第一の次元の「恐ろしさ」の因子の中には，「制御できない」「自発的でない」「将来の世代にリスクがおよぶ」「結果が致命的」等の項目が含まれている．リスクが制御できず，多くの人が被害に会い，自分たちが望んでいないのに破局的な事態

を招く場合は，人々に恐怖を引き起こす．原発事故や核兵器などがこれにあたる．

第二の次元の「未知性」の因子の中には，「観察不可能である」「科学的に解明されていない」「結果が現れるのに時間がかかる」等の項目が含まれている．そのリスクが新しいタイプのリスクで，発生原因や被害が未知である場合，人々の不安は増幅されて規制等の強化の要求が大きくなる．携帯電話の電磁波や，遺伝子工学などがこれにあたる．

(2) リスク認知に関わる要因

人々がリスクを認知する際，リスクを大きく感じさせたり，小さく感じさせたりする要因が多数存在する．以下にその代表的なものを挙げる．

a. リスク自体のもつ特徴

これまでの研究で，リスクのもつ特徴（公平に分布している–していない，自然由来のもの–人工由来のもの 等）がリスク認知に大きな影響を与えることが知られている．**表4.4**にFischhoffらが分類したリスクの受け入れやすさに影響する，リスク自体の持つ特徴を示す[7]．

表4.4 リスクの受け入れやすさに影響するリスクの特徴[7]

受け入れられやすい	受け入れられにくい
1. 自発的に引き受けた	1. 押しつけられた
2. 自分でコントロールできる	2. 他人によってコントロールされている
3. 明確な利益がある	3. 利益がほとんど／全くない
4. 公平に分布している	4. 不公平に分布している
5. 自然	5. 人工
6. 統計的に発生が予想される	6. 大惨事
7. 信用できる対象から発生している	7. 信用できない対象から発生している
8. よく見聞きしている	8. 初めて耳にする
9. 大人に影響を及ぼす	9. 子供に影響を及ぼす

廃棄物処理施設を例として考えると，「押しつけられた」，「他人によってコントロールされている」，「利益がほとんど/全くない」，「不公平に分布している」といった，数々の受け入れられにくい要素を持つと考えられる．

b. ヒューリスティック (heuristic) [8]

人が確率を判断するには統計学に基づいて合理的に判断する場合と，直感的に判断する場合とが考えられるが，これまでの研究では，人々はヒューリスティックを用いてリスクの起こる確率を直感的に判断するということが数々の実験で明らかにされてきた．ヒューリスティックとは人が確率を直感的に判断するときに使うルールのことである．ヒューリスティックには次のものがある．

- 利用可能性（availability）

人々は，思い浮かべやすい事例は，その生起確率が高いと判断する（例：ハイジャックによるテロのニュース映像を見た後は，ハイジャックの生起確率を過大評価されやすい）．

- 代表性（representativeness）

人々はある事例の生起確率を推定する場合，手持ちのサンプルデータが不十分でも，それが母集団を代表したものであると期待してしまう（例：狂牛病問題が話題になったとき，牛肉を食べてクロイツフェルト・ヤコブ病にかかった事例が報道されたら，そうしたリスクは日本では非常に小さいにもかかわらず多くの人が牛肉を食べ控える行動をとった）．

- 投錨と調整（anchoring and adjustment）

人々は，一連の情報が利用できる場合，最初に得られた情報でリスクに関するおおよその見当をつけ，後に得た情報で調整を行う．しかし実際には調整は十分に行われず，初期情報の影響が大きくなってしまう（例：自然災害や病気，事故等，さまざまな原因による死亡数をアメリカの人々に推定させたところ，自動車事故（年間死亡者数5万人）を参考情報として与えた場合と感電事故（年間死亡者数1000人）とでは，後者で推定値が全体的に低下した）．

- フレーミング効果

人々は同じ生起確率でもポジティブな表現（例：生存率）で情報を与えるほうが，ネガティブな表現（例：死亡率）で与えるよりもリスクを受け入れやすいというフレーミング効果というバイアスを持つ．（例：感染すると100％死亡する伝染病の予防施策を人々に選択してもらう場合，4割の人が助かる施策と，6割の人が死亡する施策では，亡くなる人の割合が同じであるにもかかわらず4割の人が助かる施策を選択する人の方が多い）．その他，人々は低確率のリスク（例：殺人事件）を過大評価し，高確率のリスク（例：心臓病による死亡率）を過小評価するバイアスがある．

こうしたバイアスは，リスクの専門家も含むあらゆる人々が持つといわれている．

c. 個人の属性や性格

- 性別

日本でのこれまでの研究では，女性が男性に比べてリスクに敏感であることが知られており，特に30-40代の女性でリスク認知が高い場合が多いとされている[9]．

- 住居のリスク対象への近さ

原子力発電所や化学プラントに対するリスク認知は，住むところがプラントに近くなるほどリスク認知は高くなるのであるが，きわめて近いとかえって低くなることが知られている[10]．

● 社会的・文化的背景

個人のリスク認知は，社会的・文化的な違いによっても変化すると指摘されている．原子力発電，レントゲン撮影，喫煙，麻薬に対して日本，中国，アメリカのリスク認知を比較した調査では，麻薬では差が見られなかったのに対し，原子力発電では日本が他の2国より著しく高いリスク認知を示した[9]．

● 性格

人々の性格とリスクへの対応行動には関連がある，という報告がある[11]．その中では人々の性格と対応行動を5つに分類している．安全第一タイプ（臆病者），チャレンジングタイプ（冒険好き），慎重タイプ（用心家），状況適応タイプ（合理家），無謀タイプ（猪突猛進）がある．また一方で，性格とリスク認知に関係性はない，といった報告もある[12]．

● 知識

対象に対する知識がないと過度のリスク認知が発生しがちであること，しかしその一方で知識量が多いとかえってリスク認知が高くなるとが報告されている[7][13]．

d. 信頼

リスクを管理する主体や，リスク情報の送り手への信頼は，リスクの認知に非常に大きな影響を及ぼすことがこれまでの研究で知られている[14][15]．事例を挙げれば，米国ネバダ州の核廃棄物貯蔵施設を対象とした研究で，貯蔵している管理者への信頼が低下した場合にリスク認知が高くなったことが報告されている[16]．

その「信頼」がどのように形成されるのか，についても多くの研究が蓄積されている．情報の送り手の信頼性（credibility）は，専門性（expertness）と誠実性（trustworthiness）の2つの認知に区分されるという報告がある[17]．専門性の認知とは，情報源が正しい情報を送れる能力があるかどうかを指し，情報源のその分野での専門性と能力に関する認知を指す．誠実性の認知とは，情報源が自ら正しいと信じていることを誠実に述べているかどうかの認知である．Petersらは，信頼は①知識（knowledge）と専門性（expertise），②率直さ（openness）と正直さ（honesty），③関心（concern）と配慮（care），の3つの要素からなるとしている[18]．専門性と誠実性に加え，関心と配慮等の「情報の受け手」に対して配慮をする情報の送り手の態度が信頼の要因として重視されているのが特徴である．

リスク管理者の信頼を構成する要素としては，「住民に対する関心とケア」，「情報の公開性と正直さ」「住民との対話の有無」，「事故時の補償」，「リスク管理能力」（知識や専門能力，技術の確立度等），があると報告されている[19]．

e. ベネフィット認知

リスク認知は，リスクを伴う事象が自分にとって便益（ベネフィット）をもたらすかどうかにも影響を受けることが知られている．ベネフィット認知自体は，身近でよく理解しているという「親近性因子」と，子孫に好ましい影響を及ぼし，社会の発展に役立つという「将来性因子」の2因子から構成され，原子力発電をはじめとする数々の科学技術の社会的受容の決定には「親近性因子」よりも「将来性因子」が重要な役割を果たしていることが示されている[20]．

以上のように，リスク認知にはさまざまな要因が影響しており，リスクコミュニケーションを行う際は，これらの要因に留意する必要がある．

❖4.2　リスクアセスメント

リスクの大きさを評価することをリスクアセスメント（Risk Assessment，リスク評価）という．ここでは，化学物質のリスクアセスメントの手法を解説する．リスクアセスメントの一般的な評価のプロセスを図4.3に示した．リスクアセス

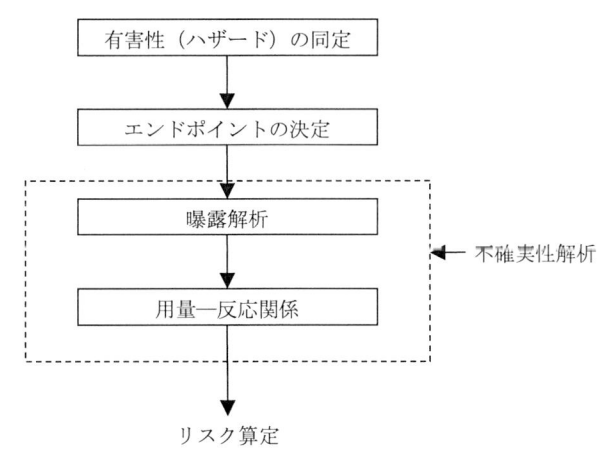

```
┌─────────────────┐
│ 有害性（ハザード）の同定 │
└─────────────────┘
         ↓
┌─────────────────┐
│  エンドポイントの決定  │
└─────────────────┘
         ↓
┌ ─ ─ ─ ─ ─ ─ ─ ─ ─ ┐
 ┌─────────────┐
││   曝露解析    │        │
 └─────────────┘       ← 不確実性解析
│        ↓            │
 ┌─────────────┐
││  用量─反応関係  │        │
 └─────────────┘
└ ─ ─ ─ ─ ─ ─ ─ ─ ─ ┘
         ↓
      リスク算定
```

中西準子ほか編「環境リスクマネジメントハンドブック」朝倉書店，2003 より

図4.3　リスクアセスメントのプロセス

メントは，有害性（ハザード）の同定，エンドポイントの決定，曝露解析，用量−反応関係の解析というプロセスを経て，最終的にリスクの大きさを推定する「リスク算定」を行う．以下にリスクアセスメントの各プロセスについて解説する．

❖**4.2.1 有害性（ハザード）の同定**[1]

ハザード（hazard）とは，悪い影響を起こす可能性を持つ物質や活動をいう．ハザードの同定とは，リスクの原因を特定することである．例えば廃棄物処理施設でいえばダイオキシンや重金属，硫化水素等がハザードである．普段の生活を例にとると，例えば肺ガンの罹患というリスクは，喫煙がハザードとなって生じるといえる．

❖**4.2.2 エンドポイントの決定**[21]

エンドポイント（end point）とは，評価の対象とする悪い影響のことである．ハザードが同定できたら，そのハザードによって最終的に引き起こされるエンドポイントを決める．環境リスクにおける生物学的エンドポイントの階層を図 4.4 に示す．景観レベルから生態系レベル，個体レベルまでの段階があり，そして個体レベルより下の階層にはバイオマーカと呼ばれる生物個体内の生化学的反応のレベルがある．人の健康についての個人レベルのリスクは，この図の個体レベルに相当する．ハザードが化学物質の場合，人や生物の健康におけるエンドポイントは表 4.5 に示すように死亡，体内諸器官，免疫系，神経系，生殖・発生，遺伝子，発ガンなどさまざまな種類がある．

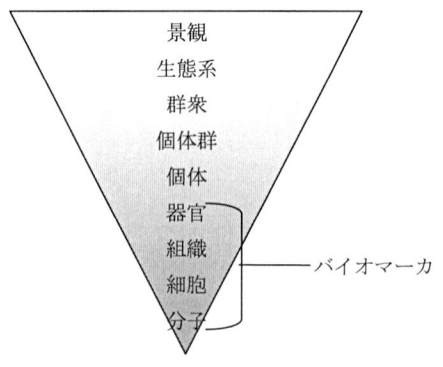

図 4.4 生物学的エンドポイントの階層（中西準子ほか編「演習 環境リスクを計算する」岩波書店，2003 の図を改変）

例えば特定の施設から排出されているダイオキシン類の影響を評価したいときは，人の健康への評価をするのか，生態系への影響の評価をするのかということ，そして人の健康を評価するのならば，そのエンドポイントは発ガンなのか，遺伝毒性なのか，子宮内膜症等の特定の疾病等なのかということを決める．

表 4.5 化学物質の有害性の分類

- 死亡
- 全身系（体内の呼吸器，心血管，胃腸，血液，肝臓，内分泌系などの器官，組織，臓器で生じる有害影響）
- 免疫系
- 神経系
- 生殖・発生（受精，妊娠，分娩，さらに哺乳を通して子の成熟に至る生殖発生の過程で生じる有害影響）
- 遺伝子（DNA，染色体および DNA に存在する遺伝子に生じる有害影響）
- 発ガン

吉田喜久雄・中西準子「環境リスク解析入門［化学物質編］」東京図書，2006 より

❖4.2.3 曝露評価 [22][23]
（1）曝露経路の解析

曝露とは，ここでは有害性のあるものが人や生物に接することをいい，曝露量とは，対象とするハザード（環境リスクの場合は化学物質等）がある期間内に人や生物に到達する量をいう．曝露評価では，まず曝露経路の解析を行う．化学物質を取り込む曝露経路には，鼻と口を経由して肺胞から化学物質を吸収する「吸入経路」，口を経由して消化管から吸収する「経口経路」，そして皮膚から吸収する「経皮経路」の3つがある．例えば焼却炉から排出されるダイオキシン類の曝露経路は①大気中のダイオキシン類を吸入して摂取する場合と，②水系に溶け込んだダイオキシン類を魚類等が濃縮し，その魚類を食べることによって経口摂取する場合，③大気，水系を介して土壌に蓄積したダイオキシンが農作物に移行して食べ物として経口摂取する場合，または④直接土壌から経皮摂取または経口摂取する場合，というふうに経路を推定する．このように化学物質が大気，水，土壌，食物等の媒体を介してどのように人や生物に曝露するかを推定するのが曝露経路の解析である．

（2）曝露量の推定

次に曝露量の推定を行う．曝露量は一般に，（ア）各経路の媒体に含まれる化学物質の濃度（曝露濃度），（イ）曝露係数，（ウ）吸収率で求めることができる．媒体に含まれる化学物質の濃度は実測値を使う場合もあれば推定値を使う場合もある．（イ）の曝露係数とは，その媒体を人や生物がどのくらい摂取するかの摂取量や，媒体に接する頻度，接する期間等，曝露に関する条件を言う．曝露量の指標は多様で，曝露濃度，摂取量，体内用量，体内負荷量などがある．曝露濃度は各

経路の媒体に含まれる化学物質の濃度で，摂取量は口や鼻，皮膚等の外部境界を通過した化学物質の量，体内用量は外部境界を通過して肺胞や消化管内壁等の内部境界面から体内に取り込まれた化学物質の量，体内負荷量は体内に取り込まれた化学物質が体内での代謝や体外への排泄を経て生物の体内に存在する量のことである．ダイオキシン類のように代謝や排泄の速度が遅く，体内に長期にわたって残留する化学物質の場合，一日平均の摂取量が一定であっても体内負荷量は一定でなく増加する傾向にある．そのため高蓄積性の化学物質については摂取量や体内用量ではなく体内負荷量を曝露の指標として用いるのが妥当と考えられている．表 4.6 に曝露量に関する各指標の計算手法を示す．

表 4.6 曝露量に関する各指標の計算手法

生涯平均一日曝露濃度（**LAC**）＝ 平均曝露濃度 × 曝露期間 ÷ ヒトの寿命*
　　　　　* ヒトの寿命は，一般にデフォルト値として 70 年：閏年を考慮して 25 567.5 日が用いられる．

生涯平均一日摂取量（**LADDpot**）＝ 媒体中平均濃度 × 媒体摂取量 × 曝露期間
　　　　　　　　　　　　　　　　　　　　　　　　　　　　　　÷（体重×ヒトの寿命）

生涯平均一日体内用量（**LADDint**）＝ 体内吸収率（AF）× LADDpot
　　　　　* AF は物質，経路（吸入/経口/経皮）ごとに決定
　　　　　** 非発ガン性の有毒リスクは，平均化時間で割る

体内負荷量（**Mbody**）＝ LADDint × 体内半減期（DT_{50}）÷ 0.693
　　　　　* DT_{50} は体内への化学物質の取り込みが停止した後に，その化学物質量が半分になるのに要する時間
　　　　　** 0.693 ÷ DT_{50} で代謝と排泄による化学物質の体内での消失に対する一次速度定数 $k_{\rm elim}$ を表す

生涯平均一日曝露濃度は曝露濃度（$\mu g/m^3$）と曝露期間（日）の積をヒトの寿命（日）で割った値であり，吸入曝露による発ガンリスクを算定する際に使われる．生涯平均一日摂取量は，化学物質の摂取量を体重（kg）とヒトの寿命（日）で割った値で，これも発ガンリスクを算定する際に使われる指標である．

生涯平均一日摂取量に体内吸収率を乗じて，一日に体内に取り込まれる化学物質の量を求めた値が生涯平均一日体内用量である．化学物質の取り込み期間が非常に長いと仮定した場合，体内での代謝と排泄による化学物質の消失を表す一次速度定数で生涯平均一日体内用量を割ったものが体内負荷量となる．体内負荷量は，遺伝子損傷性を持たない化学物質の曝露レベルが許容可能かどうかの判定に使われる指標である．

❖4.2.4 用量–反応関係の把握 [22][23]
(1) 急性毒性と慢性毒性

　毎日私たちが摂取する砂糖や塩にも致死量がある．つまり化学物質は有害なものとそうでないものに二分されるわけではなく，化学物質がその毒性を発揮するかどうかは量によって決まるということである．化学物質は，一般に曝露量が少ない場合は影響が生じないが，曝露量が増加するに伴い，影響の生ずる確率が高くなる．化学物質のリスクを推定するためには，曝露量（用量）とそれに伴う悪影響の出現率およびその大きさの関係（用量–反応関係：Dose-Response relationship）を知る必要がある．また，化学物質の毒性には，急性毒性と慢性毒性がある．急性毒性とは化学物質に1回だけ，あるいは短期間曝露されたときに生ずる悪影響を指し，慢性毒性とは長期にわたり化学物質に曝露されたときに生ずる悪影響を指す．一般的な環境で急性毒性を引き起こすような量の化学物質に曝露されることはまずないことから，環境リスクで取り扱う用量–反応関係は，普通は慢性毒性の評価であると考えてよい．

(2) 閾値ありのモデルと閾値なしのモデル

　用量–反応関係の評価では，対象とする化学物質に遺伝子損傷性があるかないかで解析方法が違う．対象とする化学物質に遺伝子損傷性が認められる場合，どんなに微量であってもDNAに傷をつけて発ガンの原因となる可能性があり，影響の閾値はないと考えて解析を行う．なお閾値とは，一定の用量以下ではその影響がゼロになるような用量のことを指す．一方で，その化学物質に遺伝子損傷性が認められない場合は，曝露量が一定量以下の場合は有害な影響は発生せず，閾値があると考えて解析を行う．閾値ありの場合と，閾値なしの場合の用量–反応関係を図4.5に示す．

　閾値ありのモデルを使う場合には動物実験，疫学調査等で得られた曝露量とその影響との関係から，毒性を発現しない量：無毒性量（NOAEL：No Observed Adverse Effect Level）や毒性を発現する最小量：最小毒性量（LOAEL：Lowest Observed Adverse Effect Level）を求め，それを一定の不確実性係数で割って一日耐容用量（TDI：Tolerable Daily Intake）を求める．そしてハザード比（HQ：Hazard Quotient）を一日用量÷一日耐容用量と定義して，ハザード比が1以下なら許容可能なリスク，1以上なら何らかの対応が必要なリスクと判断する（**表4.7**）．TDIを求めるときに用いる不確実性係数は，実験データ等を人に当ては

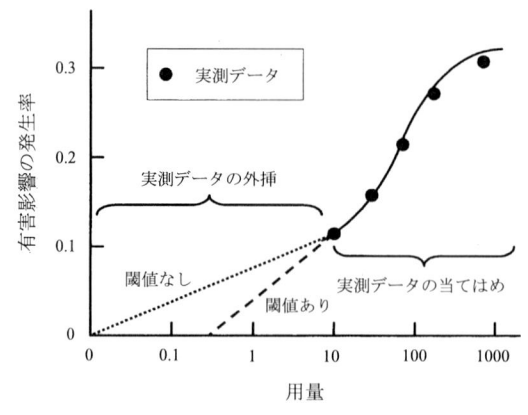

図 4.5 閾値ありの場合と，閾値なしの場合の用量–反応関係
(吉田喜久雄・中西準子「環境リスク解析入門［化学物質編］」東京図書，2006 より)

表 4.7 閾値ありの場合のリスクの考え方

一日耐容用量（**TDI: Tolerable Daily Intake**）＝ 無毒性量（NOAEL）÷不確実性係数
　　　＊ TDI は摂っても影響のない一日当たりの化学物質量
　　　＊＊ 動物実験結果を人に当てはめる場合，一般的に不確実性係数のデフォルト値は 100
ハザード比（**HQ: Hazard Quotient**）＝ 一日用量 ÷ 一日耐容用量（TDI）
　　判定：HQ $\geqq$ 1　　リスクあり
　　　　　HQ $<$ 1　　リスクなし

める不確実さや個体差の不確実さを見積もったものである．動物実験で得られた NOAEL を用いて人への影響を推定する場合には，国や機関によっての差はあるが一般的に 100 の不確実性係数が使われている．これは違う種に実験データを適用する不確実性を 10，そして人の集団中の個体差を 10 として $10 \times 10 = 100$ と設定されている．

閾値なしのモデルは発ガン性や遺伝子損傷性等の低用量域での影響を無視できない場合に使われる．この場合，低用量域での用量–反応関係は動物実験等の結果を外挿することで求める．発ガンリスクを求めるには，ユニットリスク（UR：Unite Risk）や発ガンスロープファクター（CPS：Cancer Potency Slope Factor）という係数を導き出す必要がある．ユニットリスクと発ガンスロープファクターの計算手法の概要を図 4.6 と図 4.7 にそれぞれ示す．ユニットリスクとは，発ガン性物質を吸入摂取したときの発ガン率を，媒体中の単位濃度（大気 $\mu g/m^3$）当たりの値として表したものである．リスクを算定する際は，これに生涯平均一日曝

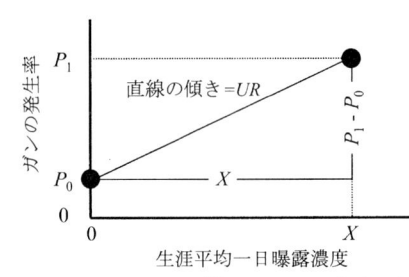

図 4.6 ユニットリスク（UR）の求め方
（吉田喜久雄・中西準子「環境リスク解析入門［化学物質編］」東京図書，2006 より）

化学物質の曝露がないときのガンの発生率を P_0，X の濃度で曝露された場合の発生率を P_1 とすると，直線の傾き（UR）は，

$$UR = \frac{P_1 - P_0}{X}$$

と求められる．

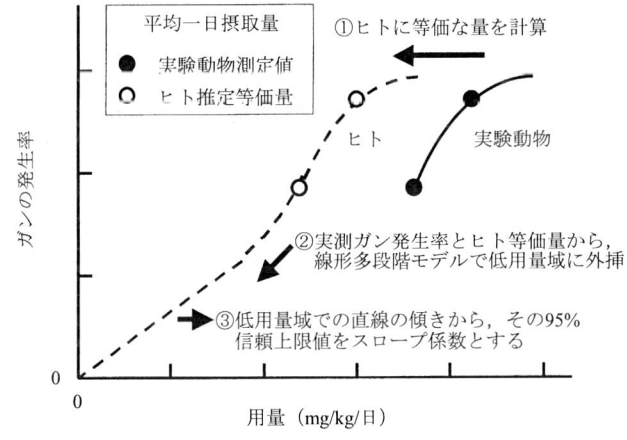

図 4.7 発ガンスロープファクターの求め方
（吉田喜久雄・中西準子「環境リスク解析入門［化学物質編］」東京図書，2006 より）

露濃度をかける．発ガンスロープファクターは，1 mg/kg（体重）/日の化学物質を生涯にわたって経口摂取した場合の過剰発ガンリスクを求めるための係数で，これに生涯平均一日摂取量を掛けてリスクを求める．

❖4.2.5 リスク算定とリスク判定 [22][23]

リスクは，**4.2.4** で求めた用量–反応関係と，**4.2.3** の曝露評価に基づいて算定される．遺伝子損傷性を持たない化学物質のリスクの指標にはハザード比（HQ＝一日用量÷一日耐容用量）が主に用いられ，ハザード比が 1 以下なら許容範囲のリスク，1 以上なら何らかの対応が必要なリスクと判定される．遺伝子損傷性を持つ化学物質の指標には，化学物質の曝露によって余分に生じるガン発生率が用

いられる．この余分に生じるガン発生率は，ユニットリスクと生涯平均一日曝露濃度の積，または発ガンスロープファクターと生涯平均一日摂取量の積として算定される．こうして算定したガン発生率が許容可能かどうかを判断する際のものさしとして，10^{-5}の発生率がよく用いられる．これは当該量の化学物質に曝露されたとき，それが原因で10万人に1人はガンが発生する可能性があることを示していて，10^{-5}を超えると懸念すべきリスクレベルであると判断される．

❖4.2.6　不確実性解析 [1][23]

　環境リスクを算定する際には，さまざまな不確実性が存在する．ハザード要因自体の不確実性や多様性，ハザード要因の環境中の動態の不確実性，ハザード要因が曝露される段階での不確実性，体内動態における不確実性，そして用量−反応解析における種差，個体差に関する不確実性を含む．そのため，算定したリスクを示す場合は，算定プロセスのどこにどのような不確実性が存在するかを明示することで，結果の信頼性を議論できるようにすることが重要である．不確実性を解析する手法にはさまざまなものがあるが，共通する手法は，不確実な変数やパラメータを分布関数に置き換え，その分布関数からランダムに値をサンプリングし，それを解析モデルに入力してリスクの結果を確率分布として得るというものである．このような手法をモンテカルロシミュレーションという．

　以上が一般的なリスクアセスメントの手順を簡単に説明したものである．化学物質によるリスクは，曝露解析，用量−反応関係においてさまざまな不確実性が存在し，その取扱いには注意が必要である．リスクの詳しい計算手法や考え方については章末に挙げた参考文献を参照してもらいたい．また，**4.5**にダイオキシンのリスクアセスメントの事例を挙げるので参考にしてもらいたい．こうしたリスクアセスメントの結果に基づき，リスクマネジメントが行われる．

❖4.3　リスクマネジメント

❖4.3.1　リスクマネジメントとは？

　リスクマネジメントとは，名前のとおり，リスクを管理することである．アメリカ大統領／議会諮問委員会報告[3]における定義では「リスクマネジメントは人の健康や生態系へのリスクを減らすために，必要な対策・措置を確認し，評価し，選択し，実施に移すプロセス．その目標は，社会，文化，倫理，政治，法律につ

いて考慮しながら，リスクを減らしたり，未然に防止するための科学的に妥当で費用対効果の優れた一連の行動を実施したりすること．」とされている．つまり，特定のリスクについて，そのリスクを望ましいレベルにするために，科学的な評価に基づいて，社会的にも経済的にも合理的な対策をとることがリスクマネジメントといえるだろう．リスクマネジメントには，一般にリスク算定，リスク評価，リスク受容およびリスクコミュニケーションが含まれる．

❖**4.3.2 リスクマネジメントのプロセス**

リスクマネジメントについては，日本工業規格（JIS）が JIS Q 2001「リスクマネジメントシステム構築のための指針」としてその枠組みと原則について規格化している[24]．なお，この規格は「どのような組織にも適用でき，かつどのようなリスクにも適用できる」とされており，環境リスクに限ったものではないことに留意してもらいたい．JIS Q 2001 に示されているリスクマネジメントシステムの概念図を図 4.8 に示す．①リスクマネジメントの方針の決定，②計画策定，③実施，④有効性評価，⑤システムの是正・改善，⑥組織の最高経営者によるレビューという要素からなり，リスクマネジメントシステムが構造的に改善・向上

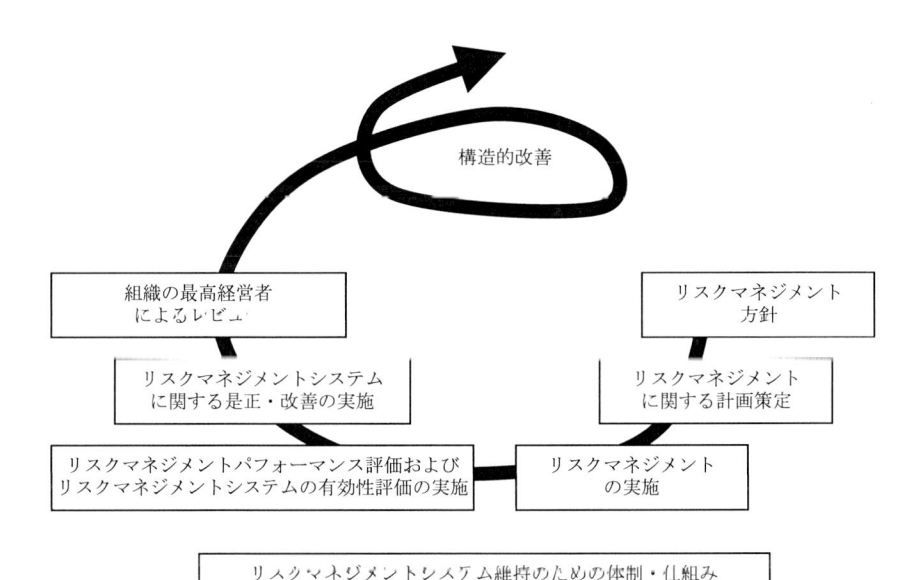

図 4.8 リスクマネジメントシステムの要素および概念図 [24]

していく枠組みとなっている．リスクマネジメントの各要素については，以下のような指針が示されている．

(1) リスクマネジメント方針

　リスクマネジメント方針は，リスクマネジメント行動指針およびリスクマネジメント基本目的からなる．組織の最高経営者は，組織のリスクマネジメント方針を定め，組織の構成員および必要に応じて関係者に対し，文書で明確に表明することが望ましい．行動指針については，次の事項を表明することが望ましい．

　　－組織に与えられた社会的評価を高める
　　－組織を構成する人々の安全および健康ならびに組織の経営資源の保全を図る
　　－被害が生じた場合には，速やかな回復を図る
　　－関係者の安全，健康および利益を損なわないように活動する
　　－リスクが顕在化した場合には，責任ある行動をとる
　　－リスクに関連する社会的要請をリスクマネジメントシステムに反映する

　以上の行動指針に基づいて，組織に関連するリスクに対して，リスクマネジメントシステムの運用によってどのような到達点または結果を目指すのかを明確に設定すること，そして到達点および結果は，可能な場合は定量化することが望ましい．

(2) リスクマネジメントに関する計画策定

　リスクマネジメントに関する計画は，リスク分析，リスク評価，リスクマネジメントの目標，リスク対策の選択およびリスクマネジメントプログラムの策定からなる．リスクマネジメントの目標を設定するにあたっては，次の事項について考慮することが望ましい．

　　－守るべき対象を明確にしておく
　　－関係者との約束を守る
　　－関係者に悪影響を与えるリスクを低減する
　　－法的要求事項
　　－社会通念
　　－組織内外の関係者が容易に理解できる
　　－費用対効果を考慮し最大限に経営資源の活用がなされる
　　－実行可能である

　リスク対策にはリスク回避，リスク移転，リスク低減，リスク保有があるが（**表4.8**），これを時間軸からみた場合，事前対策および事後対策がある．事後対策に

表 4.8 リスクに対する対応の種類 [24]

> **リスク回避(risk avoidance)**
> リスクのある状況に巻き込まれないようにする意志決定またはリスクのある状況から撤退する行動.
>
> **リスク移転(risk transfer)**
> 特定のリスクに関する損失の負担を他者と分担すること.
> ・リスク移転は,保険または他の契約によって行われる場合がある
> ・リスク移転は,新しいリスクを創出しまたは存在するリスクを変化させる場合がある
> ・要因の移動は,リスク移転ではない
> ・法律または政府の規制によって,リスク移転は,制限,禁止または命令されることがある
>
> **リスク低減(risk reduction)**
> 特定のリスクに関する確からしさもしくは発生確率,好ましくない結果または両者を低減する行為.
>
> **リスク保有(risk retention)**
> 特定のリスクに関する損失の負担の受容.リスク評価の結果,受容可能なレベルのリスクと判断された場合にとられる対応.
> ・リスク保有は,認知されていないリスクの受容も含む
> ・リスク保有は,保険または他の手段で移転する対応を含まない
> ・受容の度合いおよびリスク基準への依存の度合いは,様々である

おいて特に組織に大きな影響を与える事態への対策には,緊急時対策および復旧対策の二つがある.組織はリスクの種類によって適切な対策を策定し組み合わせて選択することが望ましい.

リスクマネジメントプログラムにはリスク対策の具体的な内容,組織の関連する各部門およびリスク対策の日程,利用する経営資源,責任の範囲および所在が含まれることが望ましく,その策定においては,次の事項を考慮することが望ましい.

―継続的に実施できるような内容
―適切な手順
―参画すべきすべての責任ある関係者
―定期的レビューのために必要な仕組み
―利用する経営資源,責任,時期および対応すべきリスクに対してとるべき優先順位の適切さ
―リスクマネジメントの方針および一般的な計画活動への対応の適切さ
―監視およびレビューの手順

(3) リスクマネジメントの実施

各部門および部署は,策定されたリスクマネジメントプログラムに沿って具体

的施策を実施し，その実施状況をリスクマネジメントシステム担当責任者に定期的に報告することが望ましい．また，組織は，事前対策の実施手順，緊急時対策の手順，復旧対策の手順，報告様式など付属する資料を文書化し，適切に管理することが望ましい．

(4) リスクマネジメントパフォーマンス評価およびリスクマネジメントシステムの有効性評価

リスクマネジメントパフォーマンス評価の指標は，客観的である，再現性がある，検証可能である，ならびに財政上および技術上実行可能なものであることが望ましく，指標としては，次の事項を含むことが望ましい．

－リスクマネジメントの実施状況に関する進捗度
－教育および訓練の進捗度
－リスクマネジメント関連の内部基準
－関連する法規制および規格
－リスクコミュニケーションの実行度

また，リスクマネジメントシステムの有効性評価には，次の事項を考慮することが望ましい．

－有効性評価の指標として，リスクマネジメントの目的および目標の達成度をとる
－リスクマネジメントシステムの個別機能および全体機能の有効性について評価を行う
－組織内の自己評価，または第三者による評価でもよい

評価の結果有効性の向上が必要とされる場合には，リスクマネジメントシステムの是正および改善を行い，必要な場合はその有効性に関しても評価を行うことが望ましい．

(5) リスクマネジメントシステムに関する是正・改善の実施

是正および改善の際には，関係する部門および部署の責任者，リスクマネジメントの専門家など広範囲の関係者の参画を得て是正および改善の検討を行うことが望ましい．是正および改善の実施時期には，次の4つがある．

－継続的是正および改善：リスクマネジメントパフォーマンスおよび運用管理の状況の継続的な監視，測定および評価結果に基づいて実施する
－リスクマネジメントシステム監査時：リスクマネジメントパフォーマンスおよび運用管理の状況の継続的な監視，測定および評価結果に基づいて実施する

－緊急事態経験後：リスクが顕在化したときおよびその直後に行われる緊急時対策の，監視およびリスクマネジメントシステムパフォーマンス評価の結果に基づいて実施する
－リスクに関する情報の監視結果に基づく要請時：リスクに関する情報の監視結果に基づいてリスクマネジメントおよびリスクマネジメントシステムを点検し，必要な場合に実施する

(6) 組織の最高経営者によるレビュー

組織の最高経営者は，リスクマネジメントシステムを維持し，適切性および有効性を改善するために，リスクマネジメントシステムの各要素に関する包括的なレビューを行うことが望ましい．

また，上記のようなリスクマネジメントシステムを維持するためには，システムを運用する要員に必要な能力をつけさせるため適切な教育および訓練を実施すること，リスクへの対応のシミュレーションを行うこと，そして関係者へのリスクコミュニケーションを行うための手順を確立し維持することが望ましい，とされている．

❖4.3.3 環境リスクのリスクマネジメント[2]

リスクを管理する主体とその目的によってリスクマネジメントの手法はさまざまなものが存在するが，環境リスクのマネジメントでは，主に①行政が一般市民の健康あるいは環境を望ましいものにするための管理を行う場合と，②事業者が事業に係わる社会的責任を果たすために事業に伴う環境リスクの管理を行う場合の2つがあると考えられる．

行政による環境リスク管理は，化学物質の規制による管理が主なものである．化学物質の規制と主な法制度を表4.9に示す．化学物質の規制には，①化学物質を含む製品の製造や使用の規制，②化学物質の排出規制，③化学物質の存在量が環境基準を超過した場合の浄化，の3つがある．また規制以外にも，行政が行う事業の環境影響を環境アセスメントを通じて適正に管理することも行政による環境リスク管理の範疇に入るだろう．

一方，事業者による環境リスクの管理には，①人間と環境の安全を守るための化学物質管理，②法規制の遵守，③効率的な資源利用と廃棄物管理，④社会の懸念への対応　等がある．事業者による環境リスクの管理の要素と，その評価または管理のツールをまとめたものを表4.10に示す．

表 4.9 規制による主な化学物質リスク管理

	対象とするリスク	管理の対象	法制度
製品の製造・使用の規制	長期曝露による健康影響	一般化学品	化審法
	オゾン層破壊による影響	オゾン層破壊物質	オゾン層保護法
	食品残留による健康影響・生体影響	農薬	農薬取締法
排出規制	吸入曝露による健康影響	排ガス	大気汚染防止法
	飲料水の摂取による健康影響	排水	水質汚濁防止法, ダイオキシン類対策特別措置法
		廃棄物	廃棄物処理法, ダイオキシン類対策特別措置法
浄化	飲料水の摂取による健康影響	地下水	水質汚濁防止法
		土壌	土壌汚染対策法
	農作物の摂取による健康影響	農用地土壌	農用地土壌汚染法
	土壌の直接摂取による健康影響	土壌	土壌汚染対策法, ダイオキシン類対策特別措置法

表 4.10 事業者による環境リスクのリスクマネジメントの種類

リスクマネジメントの種類	評価あるいは管理のツール
人と環境の安全	ヒトの健康影響のリスクアセスメント：職業曝露と家庭での曝露 環境生態影響のリスクアセスメント：事業場での放出と消費者からの排出
法規制の遵守	製造現場の管理システム監査 製造現場の廃棄物発生量報告 材料消費報告 新規物質の試験と登録 製品と包装の分類と表示
効率的な資源利用と廃棄物管理	生産に関する消費量モニターと節約 製造現場の管理システム監査 製造現場の環境監査 主要・新規材料供給業者の監査 廃棄物処理業者の監査 製品の LCA による分析 環境のためのエコデザイン 経済分析
社会の懸念への対応	意見聴取 市場調査 キーとなる関係者への情報の提示と公開 事業報告 第三者との連携による具体的な問題解決 リスクコミュニケーション

花井荘輔「化学物質のリスクアセスメント」丸善, 2003, p.10-5 の表に加筆

❖4.4 リスクコミュニケーション

❖4.4.1 リスクコミュニケーションとは？

これまでにリスクの客観的な評価であるリスクアセスメントについて，そしてリスクアセスメントに基づいたリスクマネジメントの枠組みについて簡単に説明した．リスクマネジメントにおいては複数の代替案を設定し，リスクとともに環境負荷，経済性，社会性も考慮しつつ実現可能な案を選択する必要がある．そのためにはリスクを冷静に判断し，ある程度のリスクは受容する，というコンセンサスを醸成する必要がある．また前節でも触れたとおり，人々のリスク認知はさまざまな要因に左右され，人によってリスクの感じ方は大きく異なる．このような背景から，現在リスクについて関係主体間の効率的な情報交換や意見交換を図るリスクコミュニケーションの必要性が高まっている．

リスクコミュニケーションとは，リスクについて利害関係者，つまり市民，事業者，行政，市民団体等の間で情報をやりとりすることである．米国研究審議会：National Research Council（1989年）はリスクコミュニケーションを『個人，グループそして組織の間で情報や意見を交換する相互作用的プロセス』と定義している[10]．ここで注目すべきなのは，「相互作用的プロセス」という表現である．事業者や行政からの一方的な情報提供ではなく，その情報の受け手が何を望んでいるか，リスクについてどう感じているかについても関係者間で共有し，理解し合うプロセスがリスクコミュニケーションということである．表4.11にリスクコミュニケーションを実施する主な目的を示す．リスクの種類や誰を対象にする

表4.11 リスクコミュニケーションの目的

---

①リスク，リスク分析，リスク管理について人々の理解を深めること．
②特定のリスクについて，またそれらを低減するための行動について，人々に十分に知らせること．
③個人的なリスクを低減する手段を奨励すること．
④人々がもっている価値や関心についてよりよく理解すること．
⑤相互の信頼と信憑性を促進すること．
⑥葛藤や論争を解決すること．
↓
説得や合意形成ではなく，利害関係者間の信頼と理解のレベルが向上され，適切な情報が共有されること
それにより，リスクマネジメントにおけるリスクの合理的な制御・低減を支援すること

かでその目的はさまざまだが，最終的なリスクコミュニケーションの目的は，情報提供により相手の知識を高めてリスクを一方に受容させることではなく，リスクについての理解を主体間で深めること，説得や合意形成ではなく利害関係者間の理解が深められ信頼のレベルが向上され，適切な情報が共有されること，また，それによりリスクマネジメントにおけるリスクの合理的な制御・低減の実施をサポートすることであるといえる．

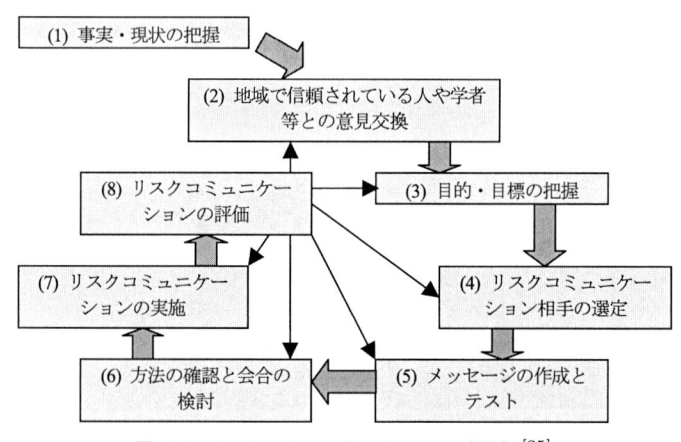

❖ **4.4.2　リスクコミュニケーションの手続き**

では，リスクコミュニケーションはどのような手続きで行われるのだろうか？一般的な手続きを図 4.9 に示す．まず，①事実，現状の把握を行い，化学物質の環境中への排出量・濃度等や，地域住民が不安に思っていることの内容や不安のレベルを把握する．次に②地域で信頼されている人や学識経験者等との意見交換を行い，①で把握した事実や現状について客観的に見直す．次に③目的・目標を設定して，いつ，誰に対して，どのようにコミュニケーションを行うか，そしてその際はどんな手法を用いるかを検討する．次に④リスクコミュニケーションの相手の選定をし，何らかの影響を受けるもしくは不安を感じている，コミュニケーションを図るべき人と地域を慎重に選択する．コミュニケーションの相手が決まったら，⑤メッセージの作成とテストを行う．伝えたい内容についてできるかぎりわかりやすいメッセージを作成し，そして可能ならば事前に模擬的なテス

図 4.9　リスクコミュニケーションの手続き [25]

トを行ってメッセージを見なおす．次に⑥方法の確認と会合の検討を行い，メッセージを伝える方法を関係主体で確認し，また会合を開く場合はできるかぎり多くの人々が参加できるような日時を検討する．そして⑦リスクコミュニケーションを実施し，⑧その結果の評価を行って，リスクコミュニケーションの改善に活かす．

❖4.4.3 リスクコミュニケーションでやりとりされる情報

では，実際にリスクコミュニケーションを行う場合，どのような情報（リスクメッセージ）をやりとりするのだろうか？　代表的なものを以下に示す．
① どんなリスクがあるか？　リスクの大きさや影響範囲
② 人々にとっての当該リスクの意味
③ リスクへの対処方法と代替案
④ 代替案の利点・欠点
⑤ リスク管理者の意志決定内容と，決定を下した合理的な理由
⑥ リスク情報の取得の方法

まず，①現在問題となっているリスクがどんなものなのか，どのような物質が関わっていて，生じる影響はどんなものなのか，化学物質が原因であればその毒性と排出量，影響を受ける地域などのデータについての情報が第一に必要となる．次に②そのリスクが人々にとってどのような意味を持つのか，緊急性あるいは受容可能性について，そしてその判断のための情報も含めた情報が挙げられる．後述するリスク比較の情報もこれに含まれる．また③リスクへの対処をどのように行うか，その対処の代替案の内容についての情報，④代替案の利点・欠点についての比較情報も必要となる．そして⑤リスク管理者が代替案を選択した後は，その意志決定の内容と，決定を下した理由についての科学的根拠，経済的，社会的合理性を示す情報が求められる．また，⑥上記に挙げたリスクとその管理に関する情報全般をどこで手に入れられるか，についても共有される必要がある．

以上のように，リスクコミュニケーションにおいては，リスクそのものに関する情報に限らず，その管理に関する情報も対象範囲になるということになる．

❖4.4.4 リスク比較

リスクコミュニケーションにおいて，情報の受け手がリスクのもつ意味を理解するためにはなんらかのものさしが必要となる．リスク比較とは，リスクコミュ

表 4.12 リスク比較の事例－化学物質のリスクランキング[26]

喫煙（全死因）	>1 000	カドミウム	0.87
喫煙（肺ガン）	320	ヒ素	0.62
受動喫煙（虚血性心疾患）	120	トルエン	0.31
ディーゼル粒子（上限値）	58	クロロピリフォス（処理）	0.29
ディーゼル粒子	14	ベンゼン	0.16
受動喫煙（肺ガン）	12	メチル水銀	0.12
ラドン	9.9	キシレン	0.16
ホルムアルデヒド	4.1	クロルデン	0.12
ダイオキシン類	1.3		

数値は損失余命（日）で，各化学物質によって短くなった寿命を日数で示している．
喫煙によるリスクは喫煙者の総リスクを喫煙者数で割った値，受動喫煙によるリスクは，受動喫煙の影響を受ける人数（全人口の 35%）で割った値である．
その他の化学物質については日本人が受けるリスクの総和を総人口で割った値である．

ニケーションを行う際に，リスクの大きさや緊急性をわかりやすく伝えるために，問題となっているリスクを他のリスクと比較する手法を言う．表 4.12 にリスク比較の事例として，蒲生らによる化学物質のリスクランキングを示す．これは，損失余命という指標を使ってリスクの比較を行ったものである．損失余命とは，エンドポイントの現象が起きることによって各化学物質の影響で人々の余命（日）が平均でどの程度短くなるかを表現した尺度である．リスク比較はリスクの大きさを伝えるために非常に便利な手法といえるが，使い方を誤れば混乱と誤解を生じさせ，専門家の意見に不信感を抱かせる可能性がある．比較するリスクは，問題となっているリスクとできるだけ似たものであること——例えば，焼却炉の化学物質の発ガン性のリスクを説明するのに，自動車の事故のリスクと比較して何千分の 1 もリスクが低い，といわれて納得できる人は少ないだろう．リスク比較はこうしたルールを確認しつつ，細心の注意を払って行う必要がある．

❖**4.4.5 リスクコミュニケーションの形態**

リスクコミュニケーションの形態はどんなリスクを対象に，誰に対してどのような目的で行うかによってさまざまなものがある．リスクコミュニケーションの形態の例を表 4.13 に示す．こういう場合は必ずこうすべき，という正解はないが，どんな手法を選択する場合でも関係主体間の信頼関係が築きあげられていることがリスクコミュニケーションを円滑に進める前提となる．市民等，情報の受

表 4.13 リスクコミュニケーションの形態

日常的に住民と対話する用意	地域活動に協働で取り組む
◇ 日常的な対話	◇ 周辺の清掃など地域への貢献活動
◇ 苦情への迅速な対応	◇ 地域防災活動への参加や支援
◇ 従業員の教育・訓練	◇ 地域教育活動の受け入れや支援
◇ 相談・苦情などの受付窓口の設置と明確化	**地域住民が参加しやすいイベントの開催**
マスメディアや印刷物の活用	◇ 夏祭りなどのイベント
◇ 化学物質の管理状況についての報告書	◇ スポーツ施設などの開放
◇ 環境報告書	◇ 説明会の実施
◇ ポスターやチラシ	◇ 施設見学会の開催
◇ ニュースリリース	◇ 事業活動や環境汚染などに関する対話集会
◇ 雑誌記事	等
◇ インターネットによる情報提供と双方向のやりとり	

経済産業省リスクコミュニケーションＨＰを参考に作成
http://www.meti.go.jp/policy/chemical_management/law/risk-com/r_how.htm

表 4.14 リスクコミュニケーションにおける留意事項 [27][28]

- 大衆を正当なパートナーとして受け入れよ
- 注意深く計画し，結果を評価せよ
- 対象者のいうことに耳を傾けよ
- 正直，率直，オープンであれ
- 他の信頼できる情報源と連携し，協力せよ
- メディアのニーズに応えよ
- 明瞭に，共感をもって語れ

け手との信頼関係を築くには，コミュニケーションの実施主体がきちんとした体制を整備して「情報公開の機会」と「地域の人の声を聴く機会」をつくり，日常的な取組みを地道に続けていくことが肝心であると言われている．また，リスクコミュニケーションを行うにあたっての留意事項を，表 4.14 に示す．

❖4.5　リスクアセスメントの事例
　　　　　―ダイオキシン類のリスク評価― [29][30]

　ダイオキシン類のリスク評価事例について紹介する．1990年代後半，一般廃棄物の焼却処理施設周辺で比較的高濃度のダイオキシンが検出されたことをきっかけに，後にダイオキシン騒動とも言われる社会問題となった．その後1999年にはダイオキシン類対策特別措置法が制定され，耐容一日摂取量（TDI）が定めら

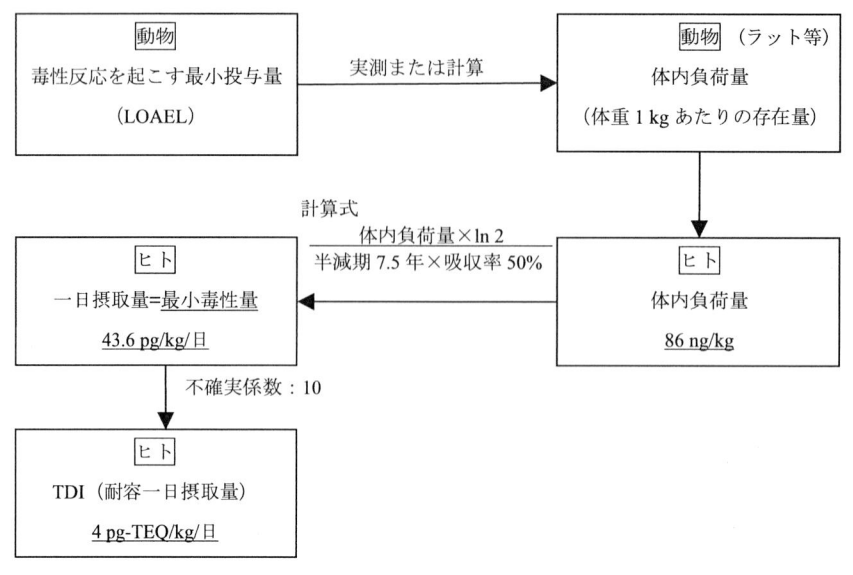

```
┌─────────────────────────┐                    ┌─────────────────────────┐
│       [動物]            │  実測または計算    │   [動物]（ラット等）    │
│ 毒性反応を起こす最小投与量│ ─────────────────→ │     体内負荷量          │
│      （LOAEL）          │                    │ （体重 1 kg あたりの存在量）│
└─────────────────────────┘                    └─────────────────────────┘
                                                          │
                              計算式                      │
                         体内負荷量×ln 2                  ▼
┌─────────────────────────┐ 半減期 7.5 年×吸収率 50% ┌─────────────────────────┐
│       [ヒト]            │                        │      [ヒト]             │
│ 一日摂取量=最小毒性量   │ ←───────────────────── │     体内負荷量          │
│     43.6 pg/kg/日       │                        │      86 ng/kg           │
└─────────────────────────┘                        └─────────────────────────┘
             │ 不確実係数：10
             ▼
┌─────────────────────────┐
│       [ヒト]            │
│  TDI（耐容一日摂取量）  │
│     4 pg-TEQ/kg/日      │
└─────────────────────────┘
```

図 4.10 ダイオキシンの TDI の算定手法

れた．TDI の算定手法を図 4.10 に示す．TDI は以下の考え方に基づいて算出された．

(1) ダイオキシン類には遺伝子損傷性がないとの判断

ダイオキシン類は直接的な遺伝子傷害性を有しないとの判断から，ダイオキシン類のリスク評価には閾値ありのモデルを用い，無毒性量（NOAEL）あるいは最小毒性量（LOAEL）に不確実係数を適用する方法を用いて TDI を算出することになったが，ダイオキシン類の毒性試験においては，適切な NOAEL のデータがほとんどないため，TDI 算定には LOAEL のデータを用いた．

(2) 体内負荷量への着目

ダイオキシン類のように蓄積性が高く，かつその程度に大きな種差がみられる物質については，影響との関連をみるためには，一日当たりの摂取量よりも体内負荷量に着目する方が適当と判断した．

(3) 動物の体内負荷量

ダイオキシン類については，多数の毒性試験の結果が報告されているが，影響の発現が示される最も低い体内負荷量の値は，ラットの雌性生殖器の形態異常を示した事例を含め，2,3,7,8-TCDD として概ね 86 ng/kg 前後である．より低い体

内負荷量で影響が認められた試験もあるが,用量依存性,試験の信頼度と再現性,影響の毒性学的な意義を総合的に勘案し,TDI の算定根拠とする体内負荷量は,その値を概ね 86 ng/kg とするのが適当であると判断した.

(4) ヒトの体内負荷量

体内負荷量の値について,ヒトと動物との間で大きな相違はないと考え,ダイオキシンがヒトに対して毒性影響を及ぼす最小の体内負荷量を 86 ng/kg とした.

(5) ヒトの一日摂取量の算定

ヒトが生涯曝露により,この体内負荷量(体重 1 kg あたりの存在量)に達するのに必要な一日摂取量を推計するために次の計算式 (4.1) を用いる.

$$一日摂取量 = \frac{体内負荷量 \times \ln 2^{※}}{半減期 7.5 年 \times 吸収率 50\%} \quad (4.1)$$

$$^{※}\ln 2 = 0.693$$

体内負荷量が 86 ng/kg の場合,一日摂取量は 43.6 pg/kg/日になる.

(6) 不確実係数の設定

毒性試験データから推測されたヒトとしての LOAEL に基づいて,ヒトでの TDI を算出するためには,不確実性を補償するため,不確実係数を適用することが必要である.その係数としては,一般に種間の差の不確実性を 10,ヒトの個体差の不確実性を 10 として 10 × 10 で 100 が設定されることが多いが,ダイオキシン類の場合は次の 5 つの要因を考慮し,10 とすることとした.

① TDI 算出の根拠となる数値として,NOAEL の代わりに LOAEL を用いていること.

② ヒトの最小毒性量の算出に際して,体内負荷量を用いているので,体内動態に起因する種差の要素は,考慮しなくてよいこと.

③ ヒトが実験動物よりもダイオキシンに対する感受性が高いとする明確な知見はなく,むしろ,ヒトの方が感受性が低いとみられるデータは存在すること.

④ 毒性発現のヒトにおける個体差に関する知見が不足していること.

⑤ ダイオキシンの同族体ごとの半減期についての知見が不十分であること.

第4章 リスクアセスメント

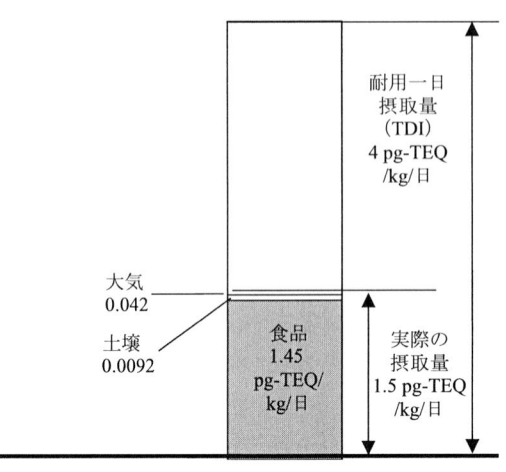

環境省「ダイオキシン類の野生生物における蓄積状況等及びダイオキシン類による人の暴露実態調査の結果について－平成13年度調査結果－」2002より作成
図 4.11 我が国におけるダイオキシン類の一人一日摂取量と TDI

よって TDI は 43.6 pg/kg/日の 1/10 である 4pg-TEQ/kg/日[*1] と設定された．我が国におけるダイオキシン類の一日摂取量は，2002年の調査では 1.5 pg-TEQ/kg/日である[31]．一日摂取量と TDI との比較を図 4.11 に示す．ハザード比 HQ は 1.5/4 で 1 より小さくなり，ダイオキシン類のリスクは許容範囲と判断できる．

リスクアセスメントは，今後の社会をどうするか，という意志決定に非常に重要な手段である．さまざまな不確実性をはらんでいるとはいえ，リスクアセスメント抜きには複雑な環境問題に対処することは困難であり，循環型社会の形成も難しいといえる．その一方で，リスクアセスメントに基づく意志決定について，リスク管理者が理詰めで他の関係者に理解を強要したり，市民等が感情論で拒否するような事態は避けなければならない．合理的で公正な意志決定のためには，今後は，行政，事業者，市民，市民団体等，社会を構成するさまざまな主体がリスクアセスメントについての理解を深め，情報を共有する必要性がますます高まってくると考えられる．

---

*1 ダイオキシン類には非常に多くの種類があってそれぞれの毒性の強度が異なる．そのため動物実験には最も毒性の強い 2,3,7,8-TCDD が用いられる．また，ダイオキシン類のトータル量は，2,3,7,8-TCDD の毒性の強度を 1 として個々のダイオキシン類の毒性強度を表した毒性等価係数 (TEF：Toxic Equivalent Factor) を用いて算出した毒性等価量 (TEQ：Toxic Equivalent Quantity) で表記される．

演習問題（第4章）

以下の説明文には，それぞれ誤りがある．正しい文章に訂正しなさい．

(1) リスクとは，良くない出来事が起こる可能性を，その良くない出来事の重大さで割ったものである．

(2) リスクアセスメントにおいて，死亡，発ガンなど，評価の対象となる影響をハザードという．

(3) リスク認知とは，人々がどのようにリスクを受けとめているかということである．人々によるリスクの客観的解釈に基づいており，状況によって変化することはない．

(4) 化学物質に遺伝子損傷性が認められる場合，微量であっても発ガンの原因となる可能性があるので，閾（しきい）値ありモデルを用いて解析する．

(5) ハザード比（HQ）は摂取量を許容量で割ったもので，HQが1より大きい場合にそのリスクは許容可能と判定される．

(6) 化学物質の曝露によって余分に生じるガン発生率が許容可能かどうかを判断する目安として，1万人に1人にガンが発生することを表す 10^{-4} がよく用いられる．

(7) リスクマネジメントは，人々の健康や生態系へのリスクをゼロに近づけるために必要な措置を確認，評価，選択し，実施に移すプロセスをいう．

引用・参考文献

[1] 中西準子ほか 編：環境リスクマネジメントハンドブック，朝倉書店，2003
[2] 花井荘輔：化学物質のリスクアセスメント―図と事例で理解を広げよう―，丸善，2003
[3] リスク評価およびリスク管理に関する米国大統領／議会諮問委員会 編，佐藤雄也，山崎邦彦 訳：環境リスク管理の新たな手法，科学日報社，1998
[4] 日本リスク研究学会 編：リスク学事典，ティビーエス・ブリタニカ，2000
[5] Slovic, P.: Perception of risk, Science, Vol.236, pp.280–285,1987
[6] Slovic, P.: Informing and educating the public about risk, Risk Analysis, Vol.6, pp.403–415,1986
[7] Fischhoff, B, Lichtenstein, S., Slovic, P., Keeney, D.: Acceptable Risk, Cambridge, Massachusetts: Cambridge University Press, 1981
[8] 中谷内一也：環境リスク心理学，ナカニシヤ出版，2003
[9] 木下冨雄：リスク認知とコミュニケーション効果の国際比較―日本・中国・アメリカ，平成7年度–平成10年度科学研究費補助金（基盤研究（A）(2)）研究成果報告書，1999
[10] 吉川肇子：リスク・コミュニケーション，福村出版，1999
[11] 吉野絹子，木下冨雄：リスク受容尺度（SRA）作成の試み，日本リスク研究学会第9回発表論文集，pp.121–122, 1996
[12] Kasperson, R. E. & Stallen, P. J. M.: Risk communication: The evolution of attempts. Communication risks to the public, Dordrecht, The Netherlands; Kluwer Academic Publishers, 1991
[13] 木下冨雄：科学技術の進歩と社会的合意，北陸地域アイソトープ研究会誌，第3号，pp.2–21, 2001
[14] Slovic, P.: Perceived risk, trust, and democracy, Risk Analysis, Vol.13, pp.675–682, 1993
[15] Binney, S. E., Mason, R., Martsolf, S. W., Detweiler, J.: Credibility, public trust, and the transport of radioactive waste through local communities, Environ. Behavior, Vol.28, No.3, pp.283–301, 1996
[16] Flynn, J., Burns, W., Mretz, C. K. and Slovic, P.: Trust as a Determinant of Opposition to a High-Level Radioactive Waste Repository: Analysis of a Structural Model, Risk Analysis, Vol.12, No.3, pp.417–429, 1992
[17] McGuire, W. J.: The nature of attitudes and attitude change, In G. Linzey, and E. Aronson (Eds.), Handbook of social psychology, Vol.3, 1969
[18] Peters, R. G., Covello, V. T., MacCallum, D. B.: The determinants of trust and credidlility in environmental risk communication—an empirical study, Risk Analysis, Vol.17, No.1, pp.43–52, 1997
[19] 田中豊：高レベル放射性廃棄物地層処分場立地の社会的受容を決定する心理的要因，日本リスク研究学会誌，Vol.10, No.1, pp.45–62, 1998
[20] 田中豊：科学技術のベネフィット認知に関する研究，実験社会心理学研究，Vol.37, No.2, pp.195–202, 1997
[21] 中西準子ほか 編：演習 環境リスクを計算する，岩波書店，2003
[22] 平石次郎ら 訳編：―化学物質総合安全管理のための―リスクアセスメントハンド

ブック,丸善,1998
- [23] 吉田喜久雄,中西準子:環境リスク解析入門［化学物質編］,東京図書,2006
- [24] JIS Q 2001「リスクマネジメントシステム構築のための指針」,日本工業規格,2001,http://www.jisc.go.jp/app/pager?id=97807
- [25] 経済産業省リスクコミュニケーション HP, http://www.meti.go.jp/policy/chemical_management/law/risk-com/r_how.htm
- [26] Gamo, M., Oka, T., Nakanishi, J.: Ranking the risks of 12 major environmental pollutants that occue in Japan, Chemosphere, Vol.53, pp.277–284, 2003
- [27] Covello, V. & Allen, F.: Seven Cardinal Rules of Risk Communication, U.S. Environmental Protection Agency, Office of Policy Analysis, Washington, D.C., 1988
- [28] (社)日本化学会リスクコミュニケーション手法検討会・浦野紘平 編著:化学物質のリスクコミュニケーション手法ガイド,ぎょうせい,2001
- [29] 環境庁ダイオキシンリスク評価研究会 監修:ダイオキシンのリスク評価,中央法規出版,1997
- [30] 厚生省・環境庁同時発表資料,ダイオキシンの耐容一日摂取量(TDI)について,1999, http://www1.mhlw.go.jp/houdou/1106/h0621-3_13.html
- [31] 環境省:ダイオキシン類の野生生物における蓄積状況等及びダイオキシン類による人の暴露実態調査の結果について－平成13年度調査結果－,2002

第5章　ライフサイクルアセスメント

　第3章の環境アセスメントは，ある事業を行う際に生じうる環境への影響を事前に評価する手法である．環境アセスメントで対象とする「環境」とは，表3.2の評価対象に示されているように，主に周辺環境である．一方，1992年の地球サミット以来，「地球規模の環境問題」が，世界共通に取り組むべき課題となっている（1.1.2 参照）．本章で紹介するライフサイクルアセスメントは，地球温暖化，オゾン層破壊，天然資源消費など，地球規模の環境影響を定量的に評価する，国際的に共通化された手法である．考慮する環境負荷の幅広さと，消費や生産段階だけではなく「ライフサイクル」にわたって積算することが大きな特徴である．また，環境負荷を積算したのち最終的には「影響（インパクト）」を評価するが，第4章のリスクアセスメントの考えが一部含まれている．

❖5.1　ライフサイクルの概念

❖5.1.1　ライフサイクルの考え方

　「排気ガスの発生が少ない自動車は環境にやさしい」，「太陽発電装置は，エネルギー消費を減らせるので環境にやさしい」．環境に配慮する市民は，そう考え進んでそれらを購入するだろう．しかし，仮に，排気ガスの発生を防ぐために特殊な金属を使っており，天然資源を採掘するとき，あるいは精錬の過程で膨大な環境汚染を排出しているとしたらどうだろう．また，太陽発電装置が廃棄物として処分されたときに，環境を汚染するとしたら，本当に環境にやさしいといえるだろうか．

　製品は，使用する素材の天然資源採取を「ゆりかご」とし，処分されること，つまり「墓場」でその一生（ライフ）を終える．ライフサイクルアセスメント（LCA：Lifecycle Assessment）とは，使用の段階のみではなく，この製品の「ゆりかごから墓場まで（Cradle to grave）」の生涯を通じて（ライフサイクルにわたって）発生する環境負荷の合計によって，「環境へのやさしさ」を評価する手法であり，その概念は図5.1のように表されている．すなわち，資源採取から廃棄までのラ

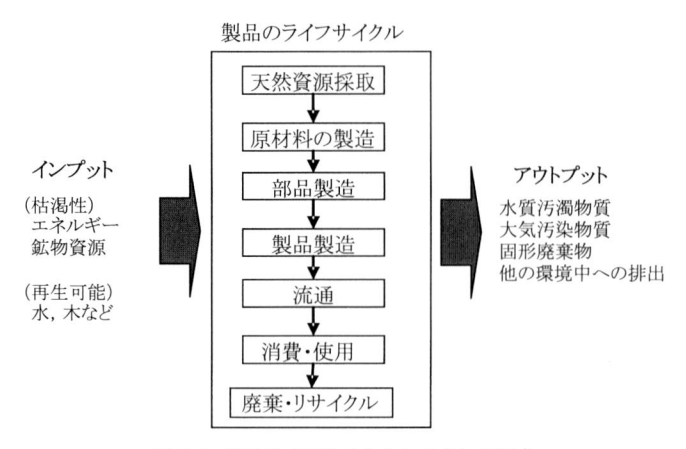

図 5.1 製品ライフサイクルと LCA の概念

イフサイクルを考え，各段階において排出される水，大気，土壌への汚染物，廃棄物を定量的に把握する．従来は，環境負荷＝汚染物排出（アウトプット）と考えられていたが，地球の有限性が強く認識されていることを反映してLCAでは資源の消費（インプット）もまた重要な環境負荷と考える．資源のうち非再生可能（non-renewable resource または枯渇性）資源であるエネルギー，鉱物資源のみならず，木，水などの再生可能資源（renewable resource）も回復に時間，エネルギーを要するとの理由で環境負荷に含められる．

❖ 5.1.2　ライフサイクルの例

一般に製品はさまざまな部品，原料・素材から作られるため，それぞれのライフサイクルを考えなければならない．図 5.2 に示す2種類のクリケットボールは，ライフサイクルがいかに多くの要素からなり，複雑であるかを示すひとつの例である[1]．

『牛革のボールを製造するには，牛革，コルク芯，染料，ニスが必要である．皮革は牛，コルクは木を天然原料とし，それぞれの生育のため，またボールの組立て，製品の輸送にエネルギーを必要とし，廃棄物，汚染物が排出される．ボールの保管は適当な温度，湿度に保たなければならず，そのためエネルギーが必要であり，使用済みのボールは埋立地で徐々に分解して環境中へ汚染物を排出する．一方，合成皮革のボールの革は，非再生可能資源である石油から作る．製造後は牛革ボールと違って一定条件での保管は必要なく，使用後はリサイクル

(a) 天然皮革　　　　　　　　　　　(b) 合成皮革

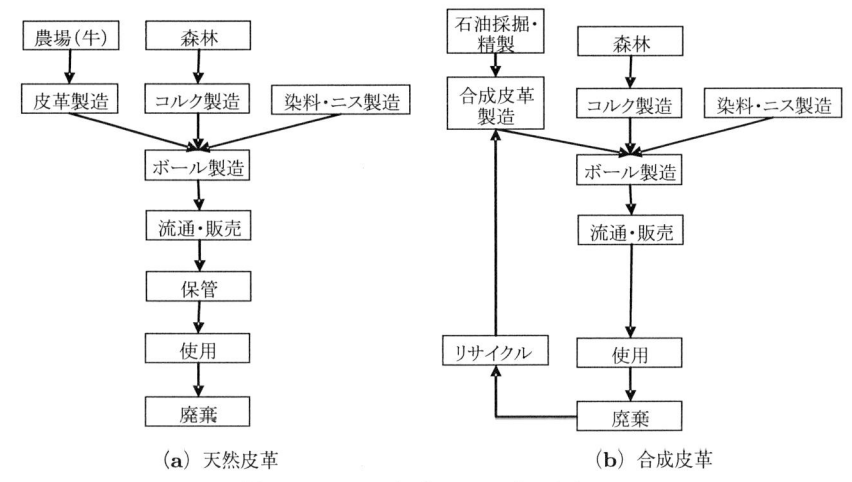

図 5.2　クリケットボールのライフサイクル

できる．しかし合成皮革の製造には重金属触媒を使い，そのうちのわずかな量が環境に放出される．天然牛革は食肉製造の副産物であり，飼料生産のため肥料が必要で，水汚染が発生し，メタンガス，畜産廃棄物が発生する．』

この例は，一つの製品の LCA には，原料・素材ごとのライフサイクルをさかのぼって考える必要があること，そして各プロセスにおいてエネルギー投入，汚染物排出などの環境負荷が発生していることを示している．

❖5.1.3　隠れた部分の評価

私たちの生活で利用される食料・木材を供給するためには，それらを生産するための面積が必要である．資源消費量と自然の生産能力を比較するのが，第 2 章で紹介したエコロジカル・フットプリントであり，日本の場合，生産能力の約 6 倍の資源を消費している（**2.3.3** 参照）．

ある製品やサービスを作りだすために動かし，変換される自然界の「物質重量」をエコリュックサック（またはエコロジカル・リュックサック）（**2.3.2** 参照）という．これは，自然の資源を製品が背負っているとの考えであり，鋼鉄 1 kg は 21 kg，金 1 kg は 540 トンの自然資源を動かすとされる [2]．

食料の自給率は品目別のほか，基礎的な栄養価であるエネルギー（カロリー）で表す方法が一般的に用いられている．畜産物については飼料の自給率を乗じて算出するため，豚肉，鶏卵自体の自給率はそれぞれ 53%，96% であるが，カロリー

ベースでは飼料自給率9.7%を乗じて5%, 9%となってしまう（平成15年度）[3]（なお，カロリーベースの総合自給率は40%であり，フランス130，ドイツ91，イタリア71，英国74，アメリカ119などと比べて主要先進国の中で著しく低いことが問題となっている）．

以上の例は，土地面積，物質量，食物と対象は異なるが，すべて表面上の数値には表れない「隠れた部分」を考える点が，LCAと共通している．

❖5.1.4 LCA評価の対象

「使い捨てPETボトルと再使用可能ガラスびんは，どちらが環境にやさしいか．」コカコーラ社が1969年に行ったこの研究が，LCAの最初の例といわれている．初期のLCAの対象は製品であり，プロクター&ギャンブル社の紙おむつ

表5.1 LCAの対象

(a) 国内における各分野でのLCA適用事例

技術	発電	事業用	14	
		ごみ発電	7	
	処理システム	下水処理	4	45
		ごみ処理	17	
	その他		3	
建築物	建築物		15	
	インフラ		8	31
	廃材		5	
	その他		3	
工業製品	容器	食品飲料用PETボトル	61	
			16	201
	家電		43	
	自動車，複写機など		81	
素材	鉄鋼		12	
	非鉄		24	
	ガラス		5	
	プラスチック		19	88
	紙製品		11	
	建材		15	
	その他		2	
農業				17
その他				11

文献[5]より作成

(b) エコバランス国際会議(2004)で発表されたLCA事例研究の例

エネルギー	住宅用太陽光発電システム バイオマス再資源化
材料，包装容器	環境報告書用紙 はんだ
輸送機器	自動車用排気系装置 船舶
建設・土木	断熱強化住宅 家庭全体
電気製品等	ノンフロン冷蔵庫 消去可能トナー パソコン 液晶パネル製造工程
家庭用品等	洗濯プロセス たばこ
農業	トマト生産 地域農業 イカ漁業
リサイクル・静脈工程	建築物の解体 畜産系廃棄物 コンピュータのリユース
システム	通勤バスシステム ITシステム 交通体系のIT化

文献[6] p.3の表より作成

と布おむつの比較が有名である[4]．LCAの研究は我が国では1990年代から盛んになり，現在では製品以外に**表 5.1** (a) に示すような技術（発電，下水処理，ごみ処理），建築物，素材（鉄鋼，非鉄，プラスチックなど），農業など，さまざまな領域に対象が広がっている．製品としては初期の研究対象であった容器包装が依然として多いが，家電，自動車なども増えている．金属素材や建築物，技術システムへの適用も多く見られる．

表 5.1 (b) は，隔年で開催されているLCAに関する国際会議における事例研究の中から，最近の傾向を示すために，対象として新しいものを選んで抜き出した．バイオマス，ノンフロン冷蔵庫，消去可能トナー，液晶パネルなど，新たな技術に対するLCAが行われており，コンピュータのリユース，ITシステム，建築物の解体などは，社会経済システムの変化を反映している．

対象の違いによって，製品のLCAをPLCA（Product LCA），技術のLCAをTLCA（Technological LCA）などと呼ぶこともあったが，後述する廃棄物焼却施設（図 5.4）は，製品，部品，素材の集合体と見ることができる．すなわち，施設，設備，システムのLCAは，構成要素個別のLCAを合計すればよく，LCAはさまざまなものに適用可能な一般的手法となっている．

❖ 5.2 LCAの手順

❖ 5.2.1 プロセスフローの把握

LCAを行うには，まず対象とするプロセスのフローを把握しなければならない．**図 5.2** のクリケットボールの場合，原料は牛，木，あるいは石油であり，染料，ニスもそれぞれ特定の原料を使用する．このようなフローをもとにデータ収集を進めることになり，重要なプロセスを見落としてしまうと，LCA評価は信頼性に欠けるものとなる．製品が使用する部品，素材の種類が多くなるほど，その各々について図 5.1 のようなライフサイクルが存在するため，評価対象製品のライフサイクルには数多くの枝分れが存在することになり，データ収集の作業量が増大する．

原田[7]は，物質フローの種類を**図 5.3** のように3つに分類している．製品の場合は，(a) のようにさまざまな素材，部品から構成する集約型のフローとなる．材料は原料から抽出等の操作によって得られたのち，多様な目的で使用される拡散

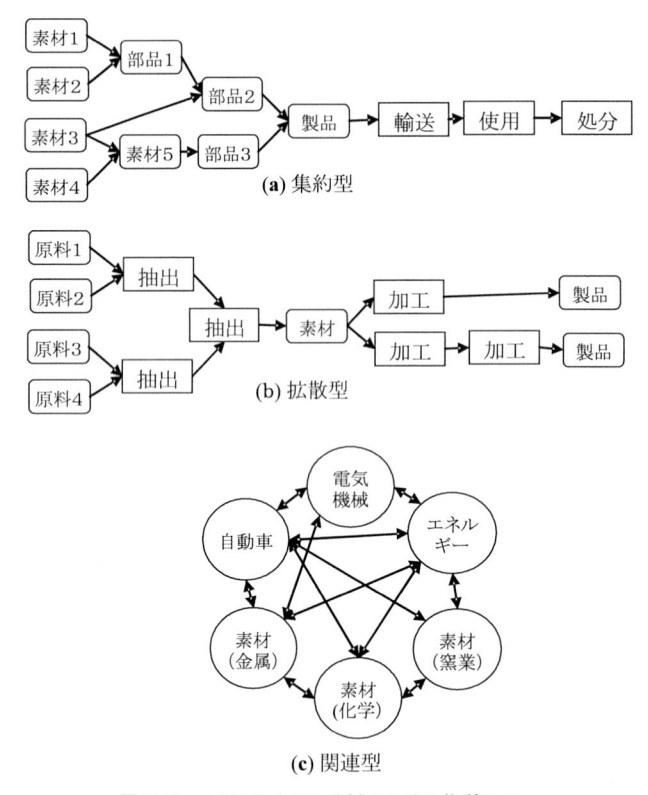

図 5.3 ライフサイクル分析における物質フロー

型 (b) になる．しかしいずれの場合も，異なる産業間の相互関連があるため，連関型 (c) の構造を持っている．

❖**5.2.2 システム境界の設定**

次に，LCA 評価を行う範囲を設定する．これをシステム境界 (system boundary) と呼ぶ．製品のライフサイクルを川の流れにたとえ，使用段階から見ると，上流側では図 5.2 のクリケットボールはさらに牛の飼料製造→飼料作物用肥料製造→肥料原料製造，のようにさかのぼることができ，下流側では廃棄物として処理，あるいはリサイクルされる．このフローにおいてどこからどこまでを評価するかを決めるのがシステム境界の設定である．下流側については，1990 年代に行われた LCA では，主としてデータが入手できないとの理由で，廃棄物処理やリサイクル

を含めないことが多くあった．現在は解消されつつあるが，例えば「廃棄物処理，輸送を含めない」などのようにシステム境界を設定している場合も多い．一般に各プロセスは正の環境負荷を持つので，「プロセスを完全に含めるほど（まじめに調査するほど），環境負荷が大きく算定される」ことになる．LCA の実施にあたってはシステム境界の明示は必須であり，結果を解釈する際にはどのようにシステム境界が設定されているか十分注意しなければならない．一方，上流側については，**5.3.1** で述べる理由によって最上流まで含まれることになるので問題はない．

LCA の評価範囲は，おおよそのフローを把握し，**図 5.1** のようにプロセスを大雑把に分類して，廃棄物処理を含めるかどうかなどのシステム境界を設定する．その後，必要に応じてプロセスフローの詳細化を図る．

❖**5.2.3 インベントリ作成**

次に各プロセスのインプットとアウトプットデータを収集する．**図 5.1** では環境負荷をインプット，アウトプットに分けたが，ここでは環境負荷を含めた，広い範囲での「モノの出入りの整理」の意味である．インプットとして考えられるものは，I-①非再生可能資源（原油，鉱石など），I-②再生可能資源（水，空気など），I-③素材（金属，紙類など），I-④部品・中間製品，I-⑤エネルギーなどであり，アウトプットとしては O-①環境への排出物質（大気，水，土壌へ），O-②素材，O-③部品・中間製品，O-④熱，O-⑤廃棄物などである[8]．

このうち，I-①②⑤および O-①は**図 5.1** に示した環境負荷であるが，I-③④はさらに上流側へさかのぼって，また O-②〜⑤はプロセスから出たあとの次のプロセスを追って環境負荷を算定しなければならない．これらの環境負荷は **5.3.1** によって求めることになり，すべてのプロセスにおける環境負荷を集計すると，最終的には**表 5.2** のような表にまとめることができる．横方向の合計が，ライフサイクル全体における環境負荷である．どの段階の割合が大きいかによって，効果的に対策を立てることができる．環境負荷に関する入出力表である**表 5.2** をインベントリ（inventory），インベントリを得るまでをインベントリ分析（Inventory Analysis）と呼ぶ．

表 5.2 には，代表的な評価項目を示した．

表 5.2 インベントリのイメージ

		原材料採掘	部品製造	製品製造	流通	消費・使用	廃棄・リサイクル	合計
資源消費	銅 鉄鉱石							
	水							
	石油 石炭							
陸圏への排出	廃棄物							
大気圏への排出	CO_2 CH_4 NO_x SO_x							
水圏への排出	BOD COD SS							

❖5.2.4 複数製品の比較

　LCA は，製品を対象とする場合，①複数製品の比較評価，②製品改良効果の評価，③基準値・目標達成のための製品チェック（目標値と比較する），などの目的で行われる[9]．すなわち，LCA はひとつの対象の分析によって「絶対値」を得るよりも，多くの場合，複数の製品，システムなどを相対的に比較するために用いる．**図 5.2** は①の例であるが，まず，2 つの製品の比較を行うために各々のプロセスフローを明らかにしなければならない．さらに，機能単位とシステム境界をそろえる必要がある．

　機能単位（functional unit）とは，比較の基準とする製品，システムの機能をいう．500 ml の PET ボトルと 350 ml のアルミ缶を，直接比較するのは不公平である．それは飲料容器の機能が「清涼飲料等を保護し消費者に提供すること」であり，両者はその機能が同じでないからである．飲料容器の場合，内容量を機能単位とし，同一の機能単位で（例えばアルミ缶を 500 ml に換算して）比較を行う．テレビは視聴時間を機能単位とできるが，画面サイズが異なる製品を比較する際にはインチ数・視聴時間（例えば 50 in × 100 時間），同様に座席数の異なる

自動車の場合は走行距離とするか，走行距離×人（例えば1万km・人）とするかの選択がありうる．図5.2のクリケットボールの場合は，もし2種類のボールの寿命が異なるならば，使用回数をそろえて比較すべきかもしれない．機能単位は，LCA評価の目的と評価実施者の考え方を表すともいえ，慎重に設定する必要がある．廃棄物処理の場合は，処理すべきごみ量が機能単位となる．

また，比較対象とする製品，システムのシステム境界をそろえなければならない．例えば，図5.2 (a)(b)を比較するとき，図5.2 (b)のリサイクルを除いてはならない．図5.2の例は単純だが，マテリアルフローが複雑になり，特にリサイクルによって回収物が得られ，それが別のプロセスで利用される場合には，システム境界の設定は難しい問題になる（**5.3.3** 参照）．

❖5.3　インベントリ分析の実際的方法

❖5.3.1　インベントリの作成

焼却施設を例に，インベントリ作成の手順を説明する．

焼却施設を運転する際には，図5.4 (a)のように重油，電力などのエネルギー，上水，薬剤，セメントなどのユーティリティ（用役）を使用する．また排出物としてNO_x，SO_xなどの環境汚染物質のほか，発電の余剰電力，鉄などの回収があり，これら（図5.4 (a) 破線内）の収支表をまず作成する．図5.1（または表5.2）の環境負荷のうち，直接排出されるNO_x，SO_xなどはこれで求められるが，インプットのうち電力，上水，セメントなどは製造段階でも環境負荷を発生している．これらは直接排出に対して間接排出と呼ぶことができる．電力，水などの製造時に排出されている環境負荷は，製品等に内蔵されているとの意味から「内包（embodied）環境負荷」と呼ぶことがある[10]．

間接排出を求めるには，例えばセメントは石灰石，粘土，珪石などを原料として原料調整，粉砕，焼成，仕上げ工程を経て製造されるが，それらのプロセスにおける第2段階のモノの出入りの収支表を作成しなければならない．さらに原料である石灰石，粘土の生産に伴う第3段階の収支表も必要である．このように，それぞれのインプットに対して，上流側にさかのぼった調査が必要となる．このようなインベントリ作成方法を，「積み上げ法（Process Analysis）」という．

積み上げ法により，すべてのインプットに対して図5.1の原料採取まで順にさかのぼり環境負荷を求めることは，事実上不可能である．そこで我が国では，産

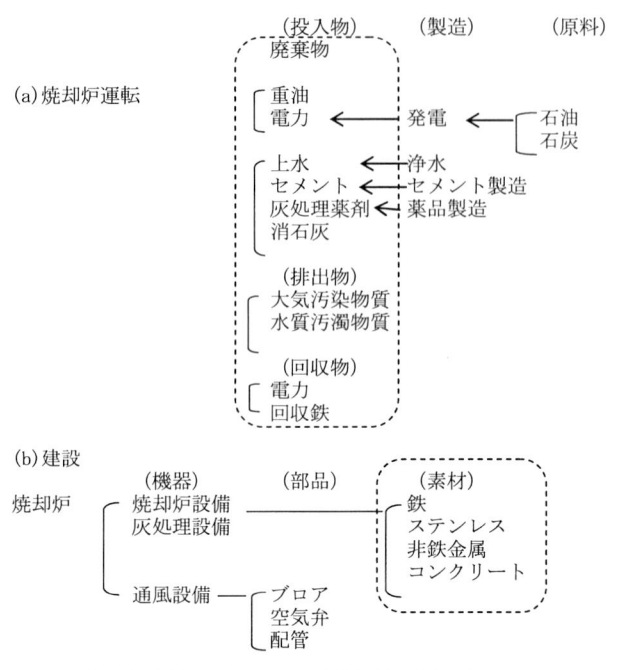

```
                              (投入物)      (製造)      (原料)
                              廃棄物
(a) 焼却炉運転              ┌ 重油
                              │ 電力      ← 発電   ← ┌ 石油
                              │                        └ 石炭
                              │ 上水      ← 浄水
                              │ セメント  ← セメント製造
                              │ 灰処理薬剤← 薬品製造
                              │ 消石灰
                              │ (排出物)
                              │ 大気汚染物質
                              │ 水質汚濁物質
                              │ (回収物)
                              │ 電力
                              └ 回収鉄
```

(b) 建設
焼却炉　　(機器)　　　　(部品)　　　　(素材)
　　　　┌ 焼却炉設備　　　　　　　　　　鉄
　　　　│ 灰処理設備　　　　　　　　　　ステンレス
　　　　│　　　　　　　　　　　　　　　非鉄金属
　　　　│　　　　　　　　　　　　　　　コンクリート
　　　　└ 通風設備 ── ┌ ブロア
　　　　　　　　　　　│ 空気弁
　　　　　　　　　　　└ 配管

図 5.4 焼却施設の運転・建設に関わるモノの出入り

業界の生産活動に伴う取引金額をまとめた「産業連関表」を分析し，天然資源が最終的に各産業にどれだけ配分されたかをもとに，製品・素材，サービス（下水道，熱供給業など）単位量当たりの環境負荷発生原単位を求める方法が広く使われている．積み上げ法は信頼性は高いが多くの作業量を必要とし，上流側への調査実施には限界がある．産業連関法（Input-Output Analysis）は金銭を物質量に変換するため，信頼性は積み上げ法より劣るが，全産業（400〜500 部門とすることが多い）を網羅できるという長所を持っている．

図 5.4 の場合，素材，電力，薬品などの量については評価対象施設に特有であり，調査を行ってデータを収集する必要がある．一方，素材，電力，薬品などが製造されるまでに発生する環境負荷（製品の上流側）については，単位量当たりの負荷発生原単位が推定されており，日本平均の値として共通して使用してよい．前者のように対象に固有で，個々にデータ収集する必要のあるものをフォアグラウンドデータ，共通の値として使用してよい値をバックグラウンドデータと呼んでいる．我が国の LCA では，フォアグラウンドデータは積み上げ法によって求

め，それに産業連関分析により得られた原単位（バックグラウンドデータ）を乗じて環境負荷発生量を算出する方法が一般的である．

❖5.3.2 LCA 原単位

バックグラウンドデータとして使用可能な原単位が，数多く提案されている．その一例を**表 5.3** に示す．表は LC-CO_2，すなわちライフサイクル CO_2 排出量の原単位であり，すべて産業連関分析によって得られたものである．ただし，用いる資料や各産業部門での直接排出量データなど，推定方法の違いのため，数値に差があることに注意が必要である．したがって，LCA 評価にあたっては，どの原単位を用いたのかも明確にしなければならない．

現在公開されている原単位データベースとしては，国立環境研究所・地球環境研究センター[11]，産業環境管理協会[12] などがある．前者は約 400 の経済活動部門別にエネルギー消費量，CO_2，大気汚染物質（NO_x, SO_x, 浮遊粒子状物質）の排出量原単位を，産業連関分析によって算出している．また，後者は経済産業省支援による LCA プロジェクトの成果で，22 工業会が約 250 の製品に対して主として積み上げ法によりデータ収集を行い，インベントリデータを作成した．また製造段階のみでなく使用後の静脈部門にも注目し，廃棄物処理，無害化処理，リ

表 5.3 CO_2 排出原単位の例

	土木学会・LCA 小委員会	日本建築学会・空調衛生工学会	建設省 土木研究所	建設省建築研究所	単位
砂利・砕石	0.00154	0.00154	0.00246–0.00267	0.00028	kg-C/kg
ガラス（板ガラス相当品）	0.486	0.486	0.050–0.372	0.41	kg-C/kg
プラスチック製品	0.492	0.492		0.372	kg-C/kg
塗料	0.452	0.452		0.142	kg-C/kg
建設機械類	1.52		1.51–3.71		kg-C/kg
汎用機械類	1.21		4.28–4.96		kg-C/kg
軽油	0.779	0.779	0.994		kg-C/L
電力	0.129	0.129	0.13		kg-C/kWh
運輸	0.093				kg-C/t-km
アルミニウム（サッシ相当品）	2.03	0.699		1.38	kg-C/kg

（文献 [10] p.49 の表の一部）

サイクル，さらに廃棄・リサイクル段階での輸送についても原単位データベースを作成した．環境負荷項目は，14 物質（CO_2, CH_4, HFC, PFC, N_2O, SF6, NO_x, SO_x, ばいじん／粒子状物質，BOD，COD，全リン，全窒素，懸濁物質）である（注：HFC, PFC, SF6 はそれぞれハイドロフルオロカーボン，パーフルオロカーボン，六フッ化硫黄であり，代替フロン 3 ガスと呼ばれる）．

前項では，図 5.4 (a) は焼却施設の運転における環境負荷を，破線内のモノの出入りから投入物の原単位を用いて求めると述べたが，廃棄物処理の原単位があればそうした手順は不要になる．このように，素材より製品，製品より機器・施設という，より上位の原単位をバックグラウンドデータとして用いることができれば，インベントリ分析は格段に容易になる．

❖5.3.3 リサイクルの効果

図 5.5 は，リサイクルすることの意味を概念的に示している．アルミ缶をリサイクルすると，天然資源（ボーキサイト）を採取し，電気分解によって新地金を製造するプロセスが，ガラスびんのリサイクルは，けい砂，石灰石などの原料製造プロセスが不要になる．これらのプロセス，および廃棄物処理プロセスから発生する環境影響の合計がアルミ缶を再びアルミに，あるいはガラスくずから再びガラスびんにするリサイクルプロセスと比較して大きいほど，環境面におけるリサイクルの効果は大きい．

図 5.5 は，同一製品のプロセス内で再び原料として使用されるもので，これを

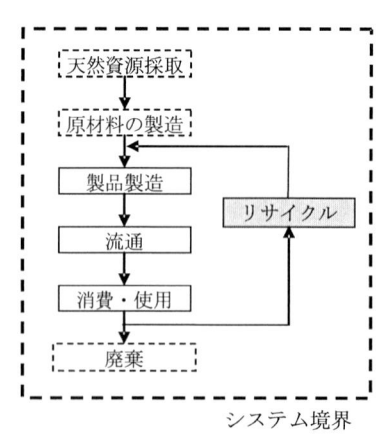

図 5.5 リサイクルの効果（クローズドループ・リサイクル）

図 5.6 オープンループ・リサイクル

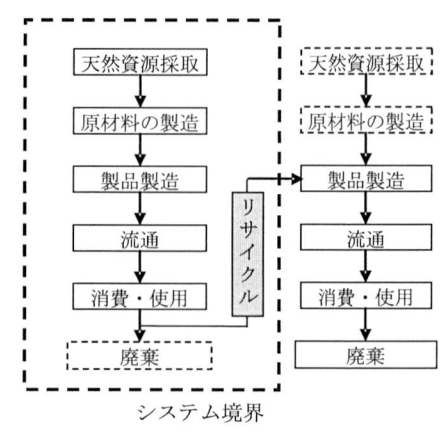

クローズドループ・リサイクル（closed-loop recycle, 閉鎖系）と呼んでいる．鉄精錬プロセスから排出される鉄くずがそのまま鉄精錬の原料となるのは，この例である．リサイクルによって，破線で示した天然資源採取，原材料の製造，廃棄プロセスが不要になる．一方，図 5.6 のように，再生物が別のプロセスで利用される場合があり，これをオープンループ・リサイクル（open-loop recycle, 開放系）という．図 5.6 では，回収物が代替する原料の製造プロセスが不要になる．

いずれの場合も，再生材はもともとの原材料と同等の質をもち，代替可能であると考える．すなわち，リサイクルプロセスの環境負荷が大きい場合を除いて，製造までの環境負荷が大きいものに再生されるほど，環境におけるリサイクルの価値が高く，このことは表 5.3 の原単位でおおよそ判断することができる．クローズドループ・リサイクルは，一般に繰返し使用回数が多いほど環境負荷が小さくなる．

回収物をどのように利用するかによって，リサイクルの効果の大きさは変わる．例えば，家庭から回収されたガラスびんは，ガラスくず（カレットという）として再生利用されるが，再びガラスびんとなる場合と道路路盤材（砂利，砕石）として使われる場合を比べると，前者の CO_2 排出原単位は後者より数百倍大きい（表 5.3 参照）．利用までのプロセスを評価に含めなければ正確ではないが，この差から，路盤材としてのリサイクルは CO_2 削減効果がきわめて小さいことがわかる．また，表 5.3 の中ではアルミニウム（サッシ）の CO_2 排出原単位が大きく，重量ベースでの比較では，アルミニウムリサイクルの効果が最も大きい．すなわち，原単位の大きいものを代替できるほど，CO_2 排出削減におけるリサイクルの価値は高い．

ただし，このような比較を行う場合には，5.2.4 で述べたようにシステム境界を統一することが重要である．また，表 5.3 の原単位からプラスチックの場合，プラスチック製品としてマテリアルリサイクルされるよりも，燃料として使用する方が CO_2 排出量の削減になるように見えるが，両者の歩留まり（＝製品量／廃プラスチック量）とリサイクルプロセスからの CO_2 排出量を考慮する必要があり，原単位のみで議論はできない．

このように，電力，金属などの回収物は，それらを利用することによって同等のものを生産する際の環境負荷発生が回避できるため，削減量として扱う（Avoided Impact 手法と呼ぶ）．回収物によっては環境負荷がマイナスとなることがあり，リサイクルの大きな特徴である．

5.3.4 ストックの LCA

通常の LCA では，施設やシステムの運用時のみの環境負荷発生を考える．しかし，下水道施設，廃棄物処理施設などの社会資本施設（インフラ施設）は大規模構造物をもつことから，井村ら[13] は建設段階での環境負荷発生を考慮することを提案した．図 5.4 (b) に示すように，焼却炉はいくつかの設備に分けることができ，多数の部品，素材が使用されている．積み上げ法による場合には，施設設計時の工事データなどを用いて図 5.4 (b) 破線内の素材量を積算し，上記のデータベースを乗じて環境負荷を求めることができ，耐用年数で割ることによって運転時の環境負荷との比較ができる．しかし工事データからの積算作業は，膨大なものとなる．

一方 5.3.2 で述べたように，焼却炉設備建設の原単位データがあれば計算は簡単である．産業連関表は産業間の経済取引の入出力表であるから，産業連関分析による場合には，金額ベースの環境負荷を得ることができる．これに土木建設工事金額をかけることで，推定が可能である．ラフな推定ではあるが，建設段階の負荷は全体の 30％程度[14] なので，LCA の分析結果を大きくは左右しない．

5.4 インパクト分析

5.4.1 ISO における LCA の規定

以上述べてきたインベントリ分析により，ライフサイクルにわたる環境負荷を定量的に評価することができる．しかしインベントリ分析は LCA の中間段階であり，環境負荷がどのような環境影響を及ぼすのかまで評価しないと，LCA は完結しない．LCA 手法については ISO（国際標準化機構）による規格があり，「原則および枠組み」が ISO 14040 として発行されている．LCA の構成は図 5.7 のように示される．

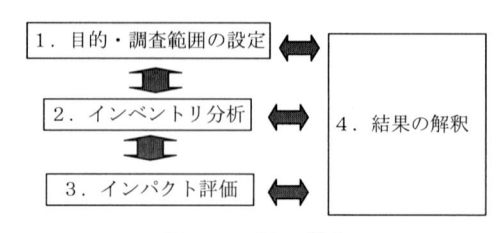

図 5.7 LCA の構成

これまで行われた LCA は，図 5.7 に示した LCA 手順のうちインベントリ分析の段階にとどまっていたものがほとんどである．インベントリのみの評価研究であることを明確にするときには LCI（Life Cycle Inventory Analysis）と呼ぶ．一方，インパクト分析はこれと区別して LCIA（LC Impact Assessment, ライフサイクル影響評価）と呼ばれ，手法の開発が活発化している．

❖**5.4.2 インパクト分析の手順**

インパクト分析は，次の 4 段階で行われる（図 5.8）．

1) 分類化（または類型化，classification）

インベントリ分析の結果得られた環境負荷物質と，環境影響の種類の関連付けを行う．例えば CO_2, CH_4 は地球温暖化効果をもち，フロン（CFC）は地球温暖化とオゾン層破壊の両方に影響する．環境影響の種類をインパクトカテゴリ（impact category）と呼び，図 5.8 に示す①地球温暖化，②オゾン層破壊，③酸性化，④富栄養化，⑤光化学オキシダント，⑥人間への毒性影響，⑦生態系への毒性が一般的に用いられる．欧州環境毒物化学学会（SETAC）は⑧悪臭，⑨騒音，⑩放射

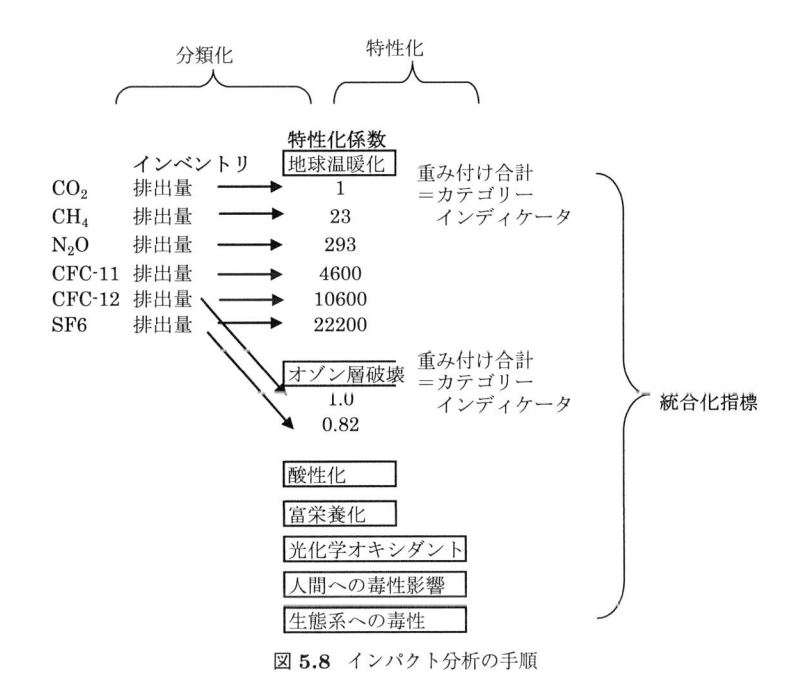

図 5.8 インパクト分析の手順

能，⑪事故，⑫非生物資源の枯渇，⑬生物資源の枯渇，⑭土地の使用，も考慮すべき影響に含めている[15]．⑫～⑭は，図 5.1 のインプット側の影響である．

2) 特性化（または特定化，characterization）

CO_2 と CH_4 はどちらも地球温暖化ガスであるが，影響の大きさは異なっている．そこで，インパクトカテゴリ内における物質に，その効果に応じた重みを与え，重み付け合計を求める．この重みを特性化係数という．地球温暖化については「地球温暖化に対する政府間パネル（IPCC）」により地球温暖化係数（GWP）が推定されており，CH_4 の単位質量当たりの地球温暖化効果は，CO_2 の 23 倍である（ただし，影響期間を 100 年とした場合）．オゾン層破壊指数（ODP），酸性化，富栄養化，光化学オキシダントについてはそれぞれ CFC-11，SO_x，リン，エチレンの重みを 1 として特性係数が与えられている．各インパクトカテゴリ内の環境負荷物質インベントリに特性化係数を掛けて合計した値をカテゴリーインディケータ（category indicator）と呼んでいる．

なお，図 5.8 に示した CFC-11，CFC-12 はオゾン層保護のため国際条約（ウィーン条約／モントリオール議定書）によって特定フロンとして 1996 年までに全廃されることが定められている．

3) 正規化（または規格化，normalization）

インパクトカテゴリごとに得られた集計値を，対象とする地域内の全影響度で割ることにより，相対的な影響度とする．例えば，日本全体の温暖化ガス排出量で割れば，評価対象の相対寄与がわかる．

4) 統合評価（または統合化，valuation）

異なるインパクトカテゴリの重要度を相対的に評価し，重み付け係数を決定する．正規化されたカテゴリーインディケータの重み付け合計を行い，環境影響をひとつの指標で表すことができる．

❖5.4.3 統合化手法の分類

インパクトカテゴリの統合化（重み付け）手法は，大きく以下のように分類される[10]．

1) DtT 法（Distance to Target）

排出量が環境基準や国際条約の規制値などからどれだけ離れているかを考えるもので，排出量／目標値を重みとする．

2) パネル法

専門家あるいは一般市民に対するアンケート等により，影響カテゴリ間の重み付けを行う．

3) 経済評価

環境影響の大きさを被害に換算し，経済的に評価する．

LCIA 手法については，多くの提案がある．排出物質ごとに政策目標値を用いて重みとするエコポイント（スイス環境庁，1990），インパクトカテゴリごとの死亡数，健康障害，生態系障害を推定し，それぞれの合計量を目標値で割って重み付けする Eco Indicator 95（オランダ，1995）は，DtT 法により統合化を行っている．Eco Indicator 99（オランダ，1999）は，インパクトカテゴリの被害を評価し，人間の健康，生態系の保全，資源の3つに集約したのち，パネル法を用いて統合化している．EPS（環境優先戦略，スウェーデン，1989）は，資源，生態系生産能力，人間の健康，生物多様性，景観を損害額あるいは支払意思額（**6.1.1** 参照）によって金銭に換算する方法をとっている[16]．

日本では，前記の LCA プロジェクトによって影響評価手法が開発され，LIME–LCA として公開されている．その概念図を図 **5.9** に示す．対象物質が約 1 000 で，それぞれに 17 のインパクトカテゴリ（影響領域）に対する特性化係数リストが用意され，人間の健康，社会資産，一次生産，生物多様性の4つの保護対象への損害を評価したのち，パネル法により統合化を行っている．

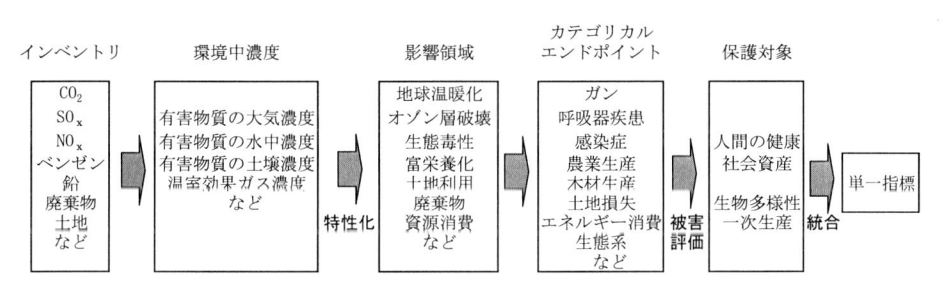

図 **5.9** LIME（日本版被害算定型影響評価手法）の概念図

❖5.4.4 統合化手法の問題点

インパクト評価の手順のうち，特性化まではある程度の科学的根拠があり，特性化係数についても国際的にも合意ができている．しかし統合化については，DtT

法は理解しやすい方法だが影響の大きさと同じではなく，目標値が存在しない場合には適用できない．パネル法は簡単だが重み付けが主観的であり，保有する（あるいは調査時に与える）情報の量，マスコミ報道などによって回答が変化する．金銭換算は最もわかりやすいが被害の大きさの評価が必要であり，被害量算定方法が十分ではない，などの課題がある．

また，図 5.9 に示すように，インパクト評価を行うには環境負荷のインベントリが必要である．しかし評価対象の範囲が広くなるほど，すべてのプロセスで漏れなく環境負荷物質の排出量データを得ることは，ほとんど不可能といってよい．

そのため，環境負荷物質，環境影響の網羅性を求めるのとは逆に，定量的に測定が可能な少数の指標によって，全体の環境負荷を判断する方法がある．これを「代理指標」と呼ぶ．人間活動は大量のエネルギーを消費することで維持されており，化石燃料は枯渇が懸念される資源の代表である．また，永久凍土の消失，極地圏氷河の崩壊などの進行が報道され，地球温暖化の影響が現実となっているとの懸念が広がっている．そのため，ライフサイクルエネルギー消費量（LCE），ライフサイクル CO_2 排出量（LC-CO_2）は，地球の危機を表す代理指標として有効である．エコロジカル・フットプリント（5.1.3 参照）は，人間活動がどれだけ土地を消費しているかの指標であり，天然資源の利用効率を高めることが必要との考えから提唱された MIPS（物質集約度 MI：Material Intensity をサービスで割ったもの）は，サービス単位当たりの直接，間接の物質投入量を指標とするものである．

❖5.5　LCA の研究事例

❖5.5.1　飲料容器の LCI

(1) システム境界

ガラスびん，PET ボトル，スチール缶，アルミ缶，紙パックの LCI 調査の例を紹介する[16]．容器の種類によってフローは異なるが，共通したシステム境界の設定は，図 5.10 のようである．飲料容器には，キャップやラベルなどの付属品があり，本体のみではなく，それらの製造，廃棄も考慮しなければならない．缶の場合は，塗料についても含めている．再び原料として利用するリサイクルのほか，ガラスびんは再使用（リユース）が可能である．飲料容器のライフサイクルを考えるとき，販売，家庭での保管は，冷蔵保管を行うために環境負荷が少なく

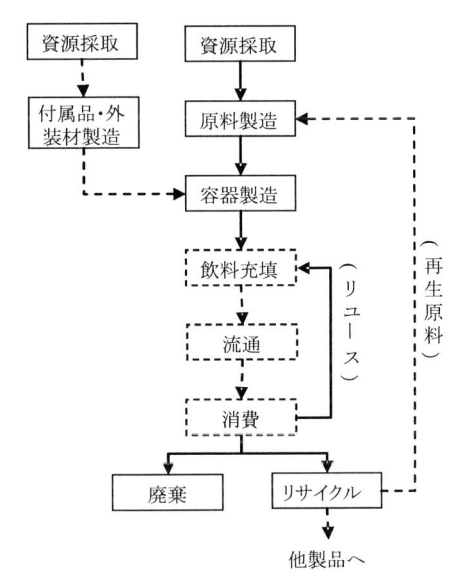

図 5.10 容器包装 LCA のシステム境界

ないと予想される．しかし販売・消費形態が多様であるため，データ構築が困難であり，調査範囲からは除外している．また，飲料充填，一部の輸送についても対象外としており，評価を行ったのは図 5.10 の実線部分である．このように，一般に完全なデータ収集が困難なことが多いが，システム境界と評価範囲を明確にすることが重要である．

(2) ガラスびんのマテリアルフロー

インベントリ分析は，プロセスフローを把握し，天然原料採取から廃棄物処理までのマテリアルフロー図を作成することから始める．図 5.11 に再使用可能ガラスびん（リターナブルびん）のフローを示す．新びんは，大然資源（バージン資源）あるいはカレット（カワスくず）を原料として製造される．カレットには，充填プロセスで発生するボトラーカレットと，新びん製造プロセスでくずとして発生する工場カレット，主として一般世帯から回収される市中カレットがある．天然原料は，国内，海外からの供給があり，それぞれトラック，船舶/貨車を利用するため，別々の条件のもとに輸送の計算を行う．

ビール充填プロセスでは王冠，ラベルなどの付属物が添付され，新びん製造，洗びんなどのプロセスからは廃棄物が発生する．消費後のびんは回収されるが，未

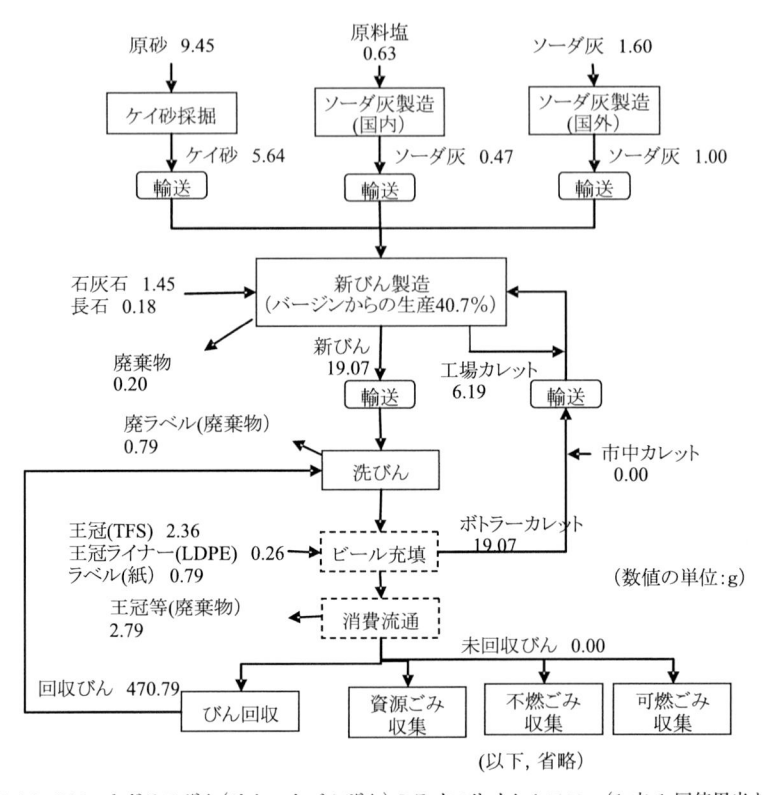

図 5.11　500 ml ガラスびん(リターナブルびん)のライフサイクルフロー(1本1回使用当たり)

　回収のびんは（図 5.11 では回収率 100％としている）資源物として回収されるか，ごみとして処理される．その後のフローは図では省略したが，前者はリサイクルセンター等で選別され，回収物は市中カレットとしてカレット業者に搬入され，再生原料となって利用者へ輸送される．後者は，ごみとして中間処理され，最後は埋め立てられる．

　図 5.11 中に示した数値は，上流側については関連業界へのヒアリングや統計データ，下流側（ごみ処理）については環境省資料の利用，および自治体ヒアリングを行い，総供給量，回収量，カレット使用量から回収率，カレット中のボトラーカレット割合を推定するなどして得たものである．なお，図中の数値は，再使用率 96％（平均使用数 25.6 回）とし，1本1回使用当たりで表している．

(3) ライフサイクルエネルギー消費量

マテリアルフローをもとに，原材料採取，各製造プロセス，廃棄物処理プロセスの環境負荷原単位を乗じることで，ライフサイクルインベントリが作成できる．環境負荷項目は，表 5.2 とほぼ同じであり，図 5.12 にライフサイクルエネルギー消費量の内訳を示す．ただし，ビール充填，消費流通は調査対象外であり，回収率 100% としているため，廃棄物あるいは資源ごみとしての処理はゼロである．付属品製造・廃棄の中には，プラスチックケースの原料採掘から樹脂製造までを含めている．

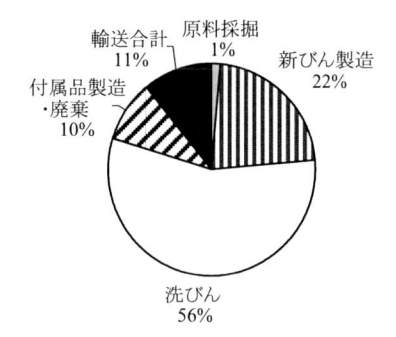

図 5.12 ガラスびん（500 ml）のライフサイクルエネルギー消費量（1 本 1 回使用当たり 1.07 MJ）

図 5.12 においては洗びんの割合が最も大きく，再使用によりエネルギー消費量が増えるように見えるかもしれない．しかし図 5.11 における回収率を変化させて計算すると，回収率が 0% のとき，エネルギー消費量は図 5.12 の約 7 倍になり，再使用が環境にやさしいことがわかる（再使用によって，CO_2，NO_x，SO_x も減少する）．また，飲料容器メーカーはびんの軽量化に取り組んでいるが，ガラスびんを 20% 軽量化すると 1 本 1 回使用当たりのエネルギー消費量は約 10% 減少する．軽量化のためには表面コーティングを行い，強度が増加するので平均使用回数も増加し，エネルギー消費量の低減効果はさらに大きいと考えられている．このように，環境面での改善策の効果を，LCI によって知ることができる．

(4) データの品質

図 5.12 のような LCA 評価結果を正しく理解するには，対象としたマテリアルフロー（どのようなプロセスを含めているか），およびシステム境界を確認する必要がある．図 5.12 の例では，使用段階が除かれていることに気がつかなければ，読者は誤った結論を導いてしまう．それと同時に，LCA の信頼性はデータの品質に依存する．不適切なデータが使用された分析結果には，意味がない．SETAC は，データが備えるべき条件として①科学性（科学的な根拠），②定量性（測定の信頼性），③適格性（目的に見合うレベル），④再現性（データ源・手法の詳細な記述，明確な引用資料），⑤包括性（対象とする環境負荷項目を含むこと）の 5 つをあげている[9]．本項で引用した調査においては，1) 地理的・時間的・技術的有

効範囲（日本国内に限る．技術については利用データ年度から現在までに，技術的変化，原料輸入割合の変化などがありうるとしている），2) データの変動性・精度（びん製造事業所間では差は小さい），3) サンプリングの代表性（シェアの8割を占める大手3社のデータを利用している），4) データ処理の一貫性（一貫した手法でフォアグラウンドデータが収集，計算されている），5) 第三者による検証可能性（透明性：LCI データは原料製造，びん製造などのプロセスごとに表示している），が説明されている．

❖5.5.2 廃棄物処理の LCA

　LCA の対象は，現に存在する製品あるいはシステムを対象として，データを収集し，分析を進める．5.5.1 (4) の回収率，容器重量の変化は数値の変更にすぎず，プロセス構成，マテリアルフロー自体は同一のものを前提としている．しかし，どのようなプロセスでシステムを構成すべきかの検討を必要とする場合がある．

　我が国における廃棄物処理は焼却処理を中心に置き，可燃物を焼却し，その残渣と不燃物を埋め立てるのが一般的であった．しかし，大量生産・大量廃棄型社会から循環型社会への転換が目指されるとさまざまな処理方法が提案され，どのような処理の組合せを選択すべきかを判断する必要が生じた．仮想的なシステムを考えるためには，「モデル」を作成しなければならない．本項では，筆者らの取組みを紹介する．なお，事業を行う前の，政策・計画・プログラムを対象とした環境アセスメントを戦略的環境アセスメントというが，その LCA 版である．

(1) 戦略的廃棄物マネジメント支援ソフトウェア（SSWMSS）[17]

　岡山大学 21 世紀 COE プログラムで開発している戦略的廃棄物マネジメント支援ソフトウェアの枠組みの全体像を図 **5.13** に示す．「消費・排出モデル」，「収集・運搬モデル」，「中間処理モデル」等のサブモデルからなっており，施設の建設・運転に伴うユーティリティ・資材・薬剤消費，ごみ処理に伴う環境負荷，および施設運転に関わる人員等を中間値として計算する．これらの数量に環境負荷原単位および単価情報を乗じることにより，エネルギー消費，CO_2 排出，SO_x 排出，NO_x 排出（以上，間接排出含む），および廃棄物処理に伴って施設から直接排出される粒子状物質，HCl，ダイオキシン類，埋立量，およびイニシャルコスト・ランニングコストなどを評価値として出力する．計画要素として「地域特性」，「政策特性」，「技術特性」の3要素を取り上げ，これらが最終的に環境負荷・コスト

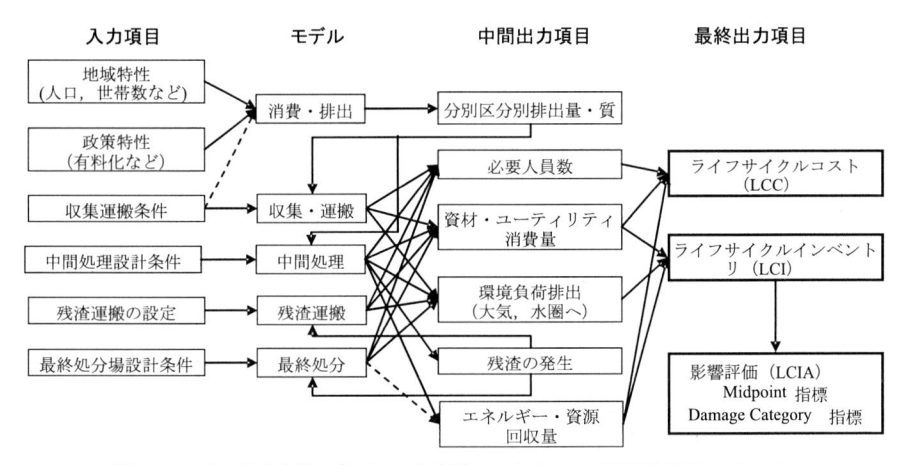

図 5.13 戦略的廃棄物マネジメント支援ソフトウェア（SSWMSS）の枠組み

にどの程度影響するかを評価することを目的としている．

モデルに含めた処理技術は，中間処理の主要技術として焼却処理，灰溶融処理，ガス化溶融処理，RDF化，コンポスト化，炭化，バイオガス化とした．処理技術の専門家の知識を反映するため，(社)日本環境衛生施設工業会の協力の下に処理プラントメーカーのメンバーで構成する検討会を構成し，各種目的変数に対して重回帰モデルを作成した．原単位についても，同様に検討した．

(2) H-IWM（北大・総合廃棄物処理評価モデル）[18]

ごみの発生から埋立てまでの物質フローモデルを推定し，それに基づいてエネルギー消費量，二酸化炭素排出量，およびコストを計算するプログラムを作成した．計算の手順を，図 5.14 に示す．

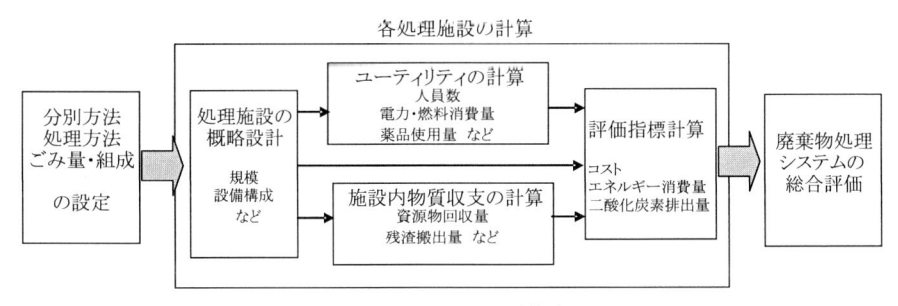

図 5.14 H-IWM の計算手順

家庭，事業所で発生した不要物の一部は販売店返却，集団回収などの方法で資源化，あるいは堆肥化（自家処理という）され，残りが分別されたのち自治体により収集される．ところが収集前の資源化・減量化，分別の方法はさまざまであり，分別収集されるごみの量と質（組成）は自治体によって異なったものとなる．H-IWM では，ごみの発生段階での資源化，分別をモデル化した．

　次に，各々の分別ごみに対して，処理方法を決める．中間処理としては，資源選別施設，破砕施設，焼却施設，ガス化溶融施設，堆肥化施設，メタン発酵施設，RDF 化施設を考えた．各処理施設は，処理ごみの量と質（組成）に応じた施設規模，設備構成としなければならない．そこで，処理ごみ量をもとに，施設の概略設計を行った．ただし焼却施設の場合には発電するかどうか，排ガスの規制値の厳しさなどの条件によって，設計は変わるため，モデルの利用者が設定しなければならない．この中で，残渣発生量や，電力，薬品使用量などの用役使用量も計算する．最後に，収集，輸送の計算を行う．

　以上で，ごみ処理システム全体の物質収支が推定でき，用役使用量に原単位を乗じることでエネルギー消費量，二酸化炭素排出量，およびコストを計算するものである．

　廃棄物処理はごみの分別方法，処理方法に選択肢が多く，大変複雑なシステムである．H-IWM は一般的な数値を既定値（デフォルト値）として用意しており，専門知識がなくても画面上のオプションを選択するだけで容易に計算ができるよう工夫されている．

演習問題（第5章）

以下の説明文には，それぞれ誤りがある．正しい文章に訂正しなさい．

(1) LCAで考える環境負荷とは，水，大気，土壌への汚染物排出，および廃棄物発生などのアウトプットである．
(2) LCAは，さまざまな種類の製品や技術を対象とした手法である．
(3) 製品のライフサイクルとは，天然資源採取から不要となった時点までをさす．
(4) 容器包装のLCAを行うとき，異なった容量の容器を比較することはできない．この場合は，システム境界をそろえる必要がある．
(5) LCAではプロセスに投入される資材，エネルギーなどの製造等から発生する環境負荷もさかのぼって計算する．これらの環境負荷原単位（単位量当たりの環境負荷）は共通の値が用意されており，これをフォアグラウンドデータという．
(6) 環境負荷原単位の算出方法としては，積み上げ法と産業連関法がある．産業連関法は全産業を網羅できるため，積み上げ法よりも信頼性が高い．
(7) LCAは，環境負荷物質の収支表（インベントリ）作成につづいて，ライフサイクル影響評価を行う．従来の研究は前者の段階にとどまったものが大部分であり，LCAの一部であることを明確にするためLCC，後者の影響評価をLCIAと呼ぶ．
(8) LCIAにおいて分類化とは，環境負荷物質を温暖化，オゾン層破壊などの環境影響の種類（インパクトカテゴリ）ごとに対応付けること，特性化とはインパクトカテゴリ間の重みを決定することである．

引用・参考文献

[1] P. Hindle & A. G. Payne: Value-impact assessment, The Chemical Engineer, pp.31–32, 28 March 1991
[2] 環境白書,平成 15 年版
[3] 食育・食生活指針の情報センター, http://www.e-shokuiku.com/jyukyu/13_1.html（2006.8.22 確認）
[4] Arthur D. Little: Disposable versus Reusable (Cloth) Diapers: Environmental, Health and Economic Considerations, Cambridge, MA, Arthur D. Little, Inc., 1990
[5] 井坪徳宏：環境 ISO としての LCA の動向と今後, まてりあ, Vol.40, No.1, pp.21–26, 2001
[6] 伊坪徳宏, 稲葉敦：ライフサイクル環境影響評価手法, 産業環境管理協会, 2005
[7] 原田幸明：マテリアルフローとライフサイクル分析, 日本の科学と技術（夏号）, Vol.35, No.273, pp.50–59, 1994
[8] (社)産業環境管理協会：LCA 実務入門, 丸善, 1998
[9] (社)未踏科学技術協会・エコマテリアル研究会編：LCA のすべて－環境への負荷を評価する, 工業調査会, 1998
[10] 井村秀文 編著：建設の LCA, オーム社, 2001
[11] 国立環境研究所・地球環境研究センター, http://www-cger.nies.go.jp/cger-j/db/dbhome.html
[12] (社)産業環境管理協会 HP, http://www.jemai.or.jp/lcaforum/index.cfm
[13] 井村秀文, 森下兼年, 池田秀昭, 銭谷賢治, 楠田哲也：下水道システムのライフサイクルアセスメントに関する研究：LCE を指標としたケーススタディ, 環境システム研究, Vol.23, pp.142–149, 1995
[14] 松藤敏彦, 田中信寿, 羽原浩史：都市ごみゼロエミッションシナリオのコスト・二酸化炭素排出量・エネルギー消費量評価, 第 12 回廃棄物学会研究発表会, pp.134–136, 2001
[15] 足立芳寛ほか：環境システム工学－循環型社会のためのライフサイクルアセスメント, 東京大学出版会, 2004
[16] (財)政策科学研究所：平成 16 年度容器包装ライフ・サイクル・アセスメントに係る調査事業報告書－飲料容器を対象とした LCA 調査－, 2005.3
[17] 田中勝, 松井康弘, 井伊亮太, 野上浩典：戦略的廃棄物マネジメント支援ソフトウェア（SSWMSS）の開発, 第 1 回日本 LCA 学会研究発表会講演要旨集, pp.290–291, 2005
[18] 松藤敏彦：都市ごみ処理システムの分析・計画・評価, 技報堂出版, 2005

第6章　費用と便益の分析

「環境」が時代のキーワードとなり，環境を保全するためにさまざまな技術が開発され，高度な設備やシステムが導入されている．しかし，投じた費用に見合うだけの効果が得られるのかを評価しなければ，過剰設備，過剰投資となってしまうかもしれない．「経済性」を抜きにした環境に対する配慮は避けなければならず，費用と効果の適当なバランスが必要である．本章では，まず 6.1 で費用と効果の概念，両者の関係，および分析方法について説明する．環境に対する取組みは，個々の企業，事業体などが積極的に行うことが求められているが，6.2 で紹介する環境会計は，企業が環境に対する取組みを効率的，効果的に行うための分析手法である．環境会計が外部への公表を意図したものであるのに対し，6.3 の環境管理会計は企業の環境経営を効率化することを目的としたものである．6.4 では，環境の価値を貨幣単位で評価するためのいくつかの手法を紹介する．

❖6.1　費用と便益

❖6.1.1　便益の計測方法 [1][2]

私たちはお金を払って商品や製品を買い，ガスや水道のサービスを受ける．それは商品・製品，サービスによって便利さや満足，利益が得られるからであり，そうした「価値」をお金で買っていることになる．したがって逆に，個人に対する財・サービスの価値は，支払ってよい金額の大きさによって測ることができ，この金額のことを支払意思額（WTP：Willingness to Pay）と呼ぶ．ここで「財（goods）」とは消費や生産の対象となる物的手段を表し，「サービス」はリサイクル，環境保全対策，廃棄物処理などを含む広い概念である．

ある特定の財に対する支払意思額の概念を，図 6.1 (a) に示す．この財を何も持っていないとき，1単位を得るのにどれだけ支払う意思があるかを a_1 とする．次に，1単位すでに持っており，さらに1単位得る（追加する）ために支払おうとする金額を a_2，同様に2単位もっている状態で3単位目のために支払おうとする金額を a_3 とすると，それぞれの金額は，通常，図 6.1 (a) のように減少していく．

第 6 章 費用と便益の分析

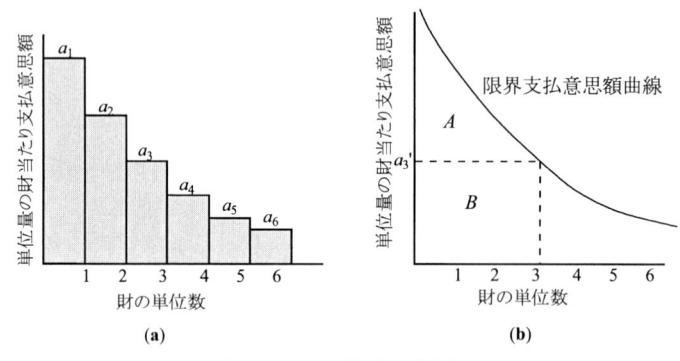

図 6.1 支払意思額の概念図

いま，2 単位持っているとし，3 単位目を手に入れるときの支払額 a_3 は「追加的」な支払いである．この額を限界支払意思額（marginal WTP）と呼ぶ．marginal は「限界」と訳されているが，「利益が得られるかどうかの境目」のような意味である．また，3 単位目を得るまでには $a_1 + a_2 + a_3$ を支払うことになるが，これを総支払意思額（total WTP）という．

通常，限界支払意思額は図 6.1 (b) のような滑らかな曲線で表し，これを限界支払意思額曲線と呼ぶ．この曲線を用いれば，財の単位は整数値である必要はなく，すでに 3 単位持っている場合さらに 0.1 単位得るための追加的支払額は $0.1a_3'$ となる．縦軸の単位は支払意思額/財であり，財の量を掛けたものが支払額である．また 3 単位得るまでの総支払意思額は図中の $A + B$ の面積となる．

財・サービスの消費や利用から得られる「価値」を貨幣額で評価したものを便益（benefit）という．上で述べたことから，便益の大きさは支払意思額により評価できることがわかる．図 6.1 では財やサービスに対する支払意思額を考えたが，環境問題においては河川の水質，大気汚染の程度，騒音レベル，緑の多さなどの「環境の質」に対する便益を考える必要がある．財の数量に相当するのは水や空気がきれい，静かであるなど，「環境のよさ」であり，支払意思額曲線の横軸は，右に行くほど望ましいことを意味する（図 6.2）．いま，環境の質が q_1 から q_2 に向上したとき，q_3 から q_4 に向上したときに得られる便益はそれぞれ図の面積 A，B で表される．すなわち，現在の環境の質がよければ同じ幅だけ向上したとしても得られる便益は小さい．例えば河川環境のよさを BOD（生物化学的酸素要求量）で測るならば，BOD が小さいほど環境の質は高いので 河川の質 = $\log(\mathrm{BOD}^{-1})$

で表すと，BOD を 5 ppm（すでに質がよい）から 1 割下げるときの便益は，50 ppm から 1 割減らすときの便益より小さくなるということである．

なお，環境が悪化あるいは破壊されたとき，失われた環境の価値は「補償として受取りを要求する金額」で測ることができる．これを受取意思額（WTA：Willing to Accept compensation）と呼ぶ．WTA と WTP は一致せず，一般的に WTA は WTP の数倍大きくなることが確認されている．

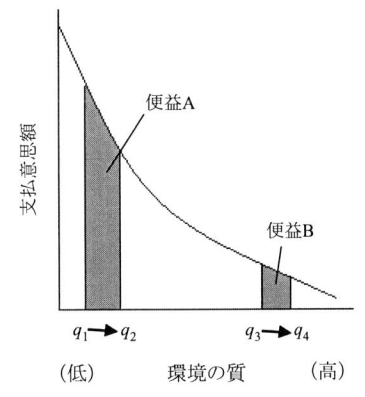

図 6.2 支払意思額と環境質向上による便益

❖6.1.2 費用–便益の関係

財やサービスを作り出すには，費用が必要である．企業，事業所，公的機関などが財・サービスを生産するときの費用は，図 6.1 の支払意思額の場合と同様に図 6.3 のように示される．図 (b) は連続的に描いたもので，これを限界費用曲線（marginal cost curve）と呼び，生産量を増加したときの単位量当たり追加的費用を限界費用（marginal costs）という．すなわち図 6.3 (a) では産出量が $0 \to 1$ 単位のとき c_1，$1 \to 2$ 単位のとき c_2 が追加的に生じる限界費用である．図 6.3 (b) では，3 単位生産しているときの限界費用は c_3'，総費用は限界費用曲線の下の

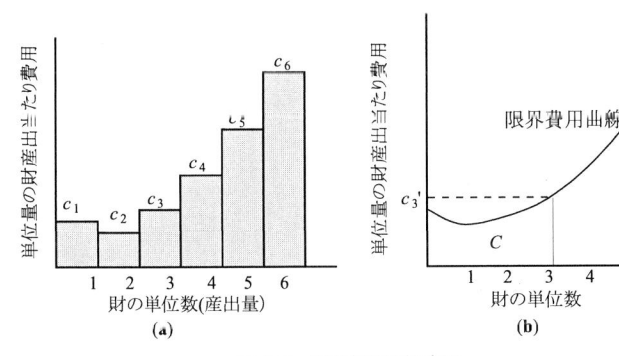

図 6.3 限界費用の概念図

面積 C となる．費用曲線は図 6.3 (b) のように，最初は限界費用が低下し，やがて増加するのが一般的とされている．これは，「産出がゼロであっても固定費が必要であり，生産量を増すと生産効率が上がって追加費用が小さくなる．しかしある量を越えると長時間運転，人員の追加が必要になる」ためである．設備の許容量に達した時点で生産が不可能になるので，生産量には上限がある．

さて，図 6.1 (b) の限界支払意思額曲線と図 6.3 (b) の限界費用曲線を合わせると，経済的に効率であるという意味で望ましい生産量を決定することができる．図 6.4 は両者を重ねて描いているが，2 つの曲線が交わる $q = q^*$ において限界支払意思額と限界費用が一致する．$q < q^*$ では限界支払意思額が，$q > q^*$ では限界費用の方が大きい．したがって，生産量を q^* とするのが経済効率的であると考える．

図 6.4 は，よく知られた需要−供給の関係と同じである．すなわち，支払意思額曲線は買い手の需要を表す需要曲線 (demand curve)，限界費用曲線は生産者あるいは売り手側の供給曲線 (supply curve) と同じ意味を持っている．需要曲線が右下がり，供給曲線が右上がりであることは価格が上がれば需要が少なくなり，逆に供給側はより多く生産しようとすることを示している．両者が一致するところ（つまり両者の合意点）で価格が決定するのが，市場のメカニズムである．ある商品の価値が上がる（人気商品となる）と需要曲線が上にシフトし，図 6.4 における交点の価格 p^* は上昇する．

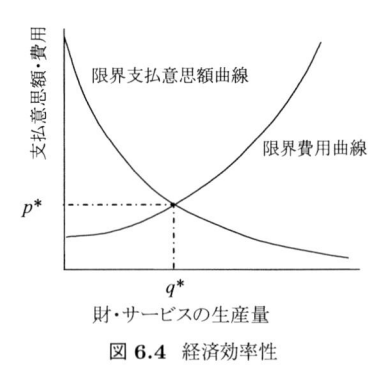

図 6.4 経済効率性

❖6.1.3 費用便益分析

6.1.1 で述べたように財やサービスから得られる便益は支払意思額で測れるので，図 6.4 は費用と便益の関係と見ることができる．両者を比較する手法が，費用便益分析 (cost benefit analysis) であり，図 6.5 にそのイメージを示す．ただし，このような曲線は何らかのサービスが連続指標として測定できる場合であり，「ダムを作るかどうか」というケースには離散値のみの比較となるが，以下の議論はそのまま成り立つ．図 6.5 において，ある対策を実施した結果サービスの質が $q_1 \rightarrow q_2$ に向上したとき，総費用 C は A_2，総便益 B は $(A_1 + A_2)$ であり，両者

の比 $B/C = (A_1 + A_2)/A_2$ を費用便益比（CBR：Cost Benefit Ratio）という．この場合，$B/C > 1$ であるが，サービスの質を上げる複数の代替案があるとき，B/C を比較して優劣を判断し，実行案を選択するのが費用便益分析である．また $B - C$ は純便益（net benefit）を表し，対策の実施がプラスかマイナスかを判断できる．$q_1 \to q_2$ の場合は大きな純便益 A_1 が生じていること，プラスの効果を持

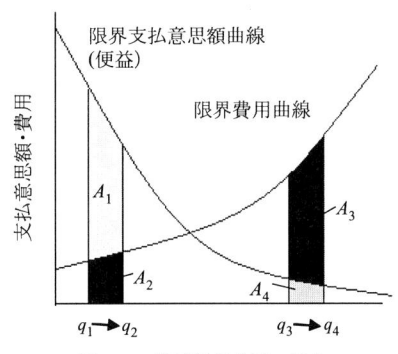

図 **6.5** 費用便益分析の概念

つことがわかる．一方，図 **6.5** において $q_3 \to q_4$ とする場合には $B/C < 1$ であり，純便益は負（$-A_3$）となる．これは，すでに満足できるレベルが得られているにもかかわらず過大な設備を設置する場合が該当し，わずかの追加的便益を得るために大きな費用を負担することを意味する．

　費用便益分析に対し，「ある目標を最小限の費用で達成する」ことを目的とした手法を費用効果分析（cost effectiveness analysis）という．注目するのは，例えば排ガス中の汚染物濃度であり，費用を濃度の減少割合（効果）で割り，この比が小さい方法を選択する．ただし，費用便益分析の純便益に当たる指標はないので，対策の是非を判断することはできない．費用便益分析も含めて費用効果分析と呼ぶこともある．

❖6.1.4　費用の外部性

　企業，事業体は事業の実施にあたって原材料やエネルギーの購入，人件費，設備購入などの費用を支払う．しかし，製品は使用後に廃棄物として処理されるが，その費用は自治体によって負担されている．またかつての公害は，工場からの排水によって河川が汚染され，住民に大きな被害をもたらし，莫大な医療費の負担を強いた．このように企業等の活動は，その外部に対して影響を与えており，これを「外部性（externality）」という．そして，企業等が支払う費用を私的費用（private costs），外部で支払われる費用を外部費用（external costs），両者の合計を社会的費用（social costs）と呼ぶ．

$$社会的費用 = 私的費用 + 外部費用 \tag{6.1}$$

市場は私的費用に基づいて価格を決定しているが，社会全体で支払う社会的費用は私的費用を常に上回っている．社会的費用を用いれば図 6.4 の限界費用曲線は上方に移動し，より高い価格が設定されるべきである．私的費用のみによる価格決定は社会的には効率的である保証はない．市場の価値と社会的価値が大幅に異なってしまうことを，市場の失敗（market failure）と呼ぶ．社会的費用と私的費用の差を「外部不経済（external diseconomies）」と呼んでおり，社会としての効率的な意思決定のためには，外部費用の内部化が必要である．

費用便益分析が行われる例は，それほど多くない．最大の理由は便益の推定方法が簡単ではなく，不確実性を伴うためと思われる．しかし公共事業については，事業規模，投資額が大きく，その影響に対する懸念も少なくないことから，国土交通省は技術指針[13]を作成している．新規事業に対しては，事業を実施する場合（with）としない場合（without）を，事業の再評価は継続（with）と中止（without）を比較するものである．便益計測については「強い外部性を有するとされているものも含めて事業実施による効果を網羅的に整理し，これらの効果について可能な限り貨幣化を行い，便益を整理するものとする」と述べている．便益推定にはさまざまな方法があり，そのうちの主なものを 6.4 で紹介する．

❖6.2　環境会計[3]

❖6.2.1　環境会計の概要

環境会計（Environmental Accounting）は，「事業活動における環境保全のためのコストと，それにより得られる効果を認識し，可能な限り定量的に評価して，その結果を伝達する仕組み」と定義されている．環境会計の概念は，図 6.6 のように表すことができる．会計を構成するのは「環境保全コスト」，「環境保全対策に伴う経済効果」（企業等の利益），および「環境保全効果」である．前二者は貨幣（金銭）単位で表し，財務パフォーマンスという．一方，環境保全効果は質量，容積等の物量単位で表現し，環境パフォーマンスという．ここでいう環境保全とは，「環境負荷の防止・抑制，影響の除去，発生した被害の回復，およびそのための取組み」を指している．

上記の定義に「伝達」とあるように，定量的に測定された数値は利用されてこそ意味があり，内部（企業）と外部における利用がある．企業においては，環境会計は環境保全対策のコスト管理，効果の分析を可能とし，効率的・効果的な取

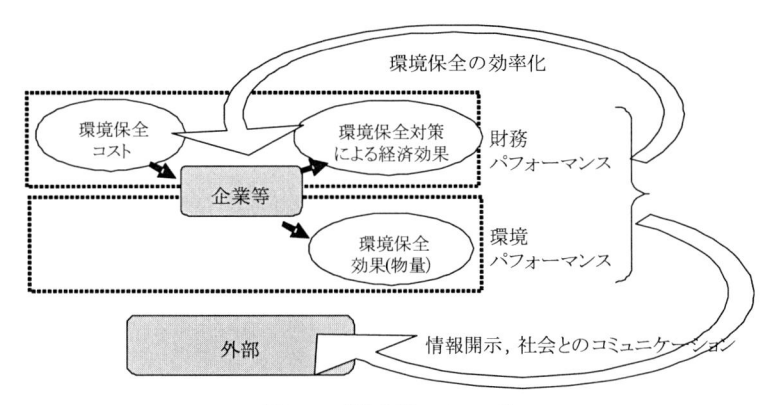

図 6.6 環境会計のイメージ

組みを促す．これが内部機能である．環境保全活動が事業活動に与える影響も把握できるので，経営管理ツールとしての役割も果たす．外部に対しては，企業の環境保全等の取組みに関する定量的な結果を情報公開することによって，消費者，取引先，投資家，行政等の利害関係者が，意思決定を行うための判断材料とすることができる．これが外部機能である．環境保全に対する取組み状況を知らせるとともに，情報の公開によって，外部に対する説明責任を果たすことにもなる．

一般に，企業会計は，企業外部の利害関係者（特に株主）に対して財務状態・経営状態などの情報を提供する財務会計と，企業内の経営管理者の意思決定，組織の経営に会計情報を活用する管理会計に分類される．これに対し，環境会計は外部と内部の両方に向けた「環境保全」に特化した「会計（accounting）」である．

環境省は 1999 年に「環境保全コストの把握及び公表に関するガイドライン」，2000 年に「環境会計ガイドライン」を作成し，後者は 2002 年，2005 年に改訂されている．

❖**6.2.2 環境保全コスト**
(1) 事業活動による分類

環境保全コストは，事業活動に応じて**表 6.1** のように分類されている．

「事業エリア」とは，企業が直接環境への影響を管理できる範囲を示す．大気・水・土壌汚染，騒音・振動・悪臭などの「公害防止コスト」，地球温暖化等の「地球環境保全コスト」，廃棄物発生抑制，有用資源の再利用・リサイクル，廃棄物の適正処理・処分などの「資源循環コスト」に分けられる．

第 6 章　費用と便益の分析

表 6.1　環境保全コストの分類

事業エリア内コスト		事業エリア内で生じる環境負荷を低減するためのコスト
	公害防止コスト	大気・水質・土壌汚染防止，騒音・振動・悪臭防止，地盤沈下防止などのコスト
	地球環境保全コスト	地球温暖化防止，オゾン層破壊防止，などのためのコスト
	資源循環コスト	廃棄物の発生抑制，有用資源の再利用・リサイクル，廃棄物の適正な処理・処分のコスト
上・下流コスト		原料・資材等の生産（上流），生産された財・サービスの使用・消費・廃棄（下流）で発生する環境負荷を抑制するためのコスト
管理活動コスト		環境負荷を間接的に抑制するためのシステム整備・運用，広報，コミュニケーションなどのコスト
研究開発コスト		環境保全に貢献する製品，製造プロセス，物流・販売などの研究開発コスト
社会活動コスト		事業活動とは直接関係しない自然保護，緑化活動，環境保全団体に対する寄付など，環境保全に寄与する社会貢献のためのコスト
環境損傷対応コスト		自然修復，損害賠償など，企業活動により生じた環境への損傷に対応するためのコスト
その他コスト		

（環境会計ガイドライン[3]をもとに作成）

「上・下流」とは，事業エリアに投入される原料や資材等の生産に関する領域（上流）と，事業エリアから産出された財・サービスの使用・消費・廃棄に関する領域（下流）である．どちらも事業者が直接管理することはできないが，環境にやさしい製品（環境物品）の購入（グリーン購入）は環境保全の間接的な取組みである．また，下流側では環境物品の提供や，製品・商品等の回収・リサイクル，再商品化，適正処理が同様に環境保全に役立つ．これらには追加的なコストが必要になる．

「管理活動コスト」とは，環境マネジメントシステム（**7.1.2** 参照）の整備・運用，環境情報の開示，従業員への環境教育，事業活動に伴う自然保護や緑化などをいう．「研究開発コスト」は，環境保全に貢献する製品等の開発，製造プロセスから発生する環境負荷の抑制，物流・販売段階の環境負荷抑制のためのコストである．「社会活動コスト」は，事業活動とは別に，社会貢献のために行われる環境保全に関するコストであり，事業所以外の自然保護・緑化，環境保全活動を行う団体への寄付や支援，地域住民の環境活動支援などである．「環境損傷対応コスト」は，企業活動によって生じた環境に対する損傷に関するコストであり，自然修復，環境保全に関する損害賠償等，環境の損傷に対する保険金を含む．

(2) 内容による分類[4]

　環境保全コストを内容で分類すると，投資額と費用額に分けられる．費用額は人件費（環境保全人件費）と使用する財やサービスに対する支払い金額（環境保全経費）からなり，投資額とは環境保全設備の購入金額である．建物や設備は長期間使用されるため，単年度の費用額と合算してはいけない．そこで投資時点で費用が発生するとせず，使用期間において価値が減少し（減価），その使用期間において少しずつ費用化（償却）すると考える．これが減価償却（depreciation）であり，償却額の計算方法として定額法と定率法がある．定額法は毎年一定の額を償却するもので，

$$減価償却費 = \frac{取得原価 - 残存価格}{耐用年数} \tag{6.2}$$

で計算する．残存価格とは，耐用年数経過後の価値であり，取得価格の10%とする．500万円の設備を5年で償却するときの減価償却費は450万円/5 = 90万円である．一方，定率法は未償却残高に対して，一定の割合（償却率）で償却していくとする方法で，

$$減価償却費 = 未償却残高 \times 償却率 \tag{6.3}$$

で計算する．減価償却費は最初大きく，経過年数に従って小さくなる．償却率をr，取得原価をA_0，耐用年数をnとすると，

$$n 年経過後の未償却残高 = 残存価格 = 0.1 A_0 = (1-r)^n A_0 \tag{6.4}$$

であるので，$n=5$の場合は$r=0.369$となる．前記の例では，減価償却費は1年目に0.369×500万円 $= 184.5$万円，2年目に$0.369 \times (500 - 184.5) = 116.4$万円となる．一般的には，定額法が用いられる．

　投資額を減価償却費として年ごとに配分し，環境保全人件費，環境保全経費に加えたものが単年度のコストとなる．ただし，環境保全活動を担当する職員はその他の業務にも従事するであろうし，省エネルギー型の冷凍機は「冷凍」が本来の機能である．したがって，「環境保全に関する割合」を考慮する必要がある．省エネルギー型製品のような場合は，従来製品との差額を集計することで求められる（差額方式）．比較対照とする価格が明確でない場合は按分方式により，人件費は環境保全活動とその他の業務に従事する労働時間の割合，設備等の減価償却費の場合は施設内の占有面積比などを用いる．按分のための合理的な基準がない場合は一定割合を設定して計算するが，前提とした仮定の明記が必要である．

❖6.2.3 環境保全効果

環境保全効果は，事業活動の段階別に図 6.7 の 4 つに分類される．「投入資源」は前項で述べた上流，「産出された財・サービス」は下流にあたる．

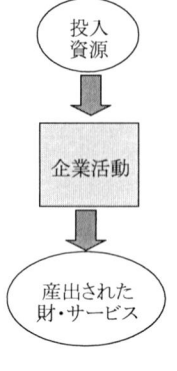

```
投入資源         総エネルギー投入量
                特定の管理対象物質投入量
                水資源投入量
   ↓
企業活動         温室効果ガス排出量
                特定の化学物質排出量
                廃棄物等総排出量
                総排水量
   ↓
産出された       使用時のエネルギー消費量
財・サービス      使用時の環境負荷物質排出量
                廃棄時の環境負荷物質排出量
                回収された使用済み製品・容器・包装の循環的使用量

その他          輸送に伴う環境負荷物質排出量
               汚染土壌の面積・量
```

図 6.7 環境保全効果測定の環境パフォーマンス指標（文献 [3] をもとに作成）

「総エネルギー投入量」は，購入した電力，燃料を熱量に換算する．「特定の管理対象物質」とは，有害性をもつなどの理由のため，企業が環境影響を考慮して管理している物質である．「特定の化学物質」は，「特定の管理対象物質」のうち，大気汚染防止法，PRTR（化学物質排出把握管理）制度で規制あるいは管理が義務付けられる物質，および PCB，ダイオキシン類をさす．下流側においては，使用時のエネルギー消費量，使用時・廃棄時の環境負荷物質排出量削減などの効果を測定する．環境保全効果は，主として物質フローを表す指標を用いて測定し，J（エネルギー），t（質量），m^3（容積）などの物量単位で表す．

環境保全活動は，環境保全コストと環境保全効果を対応させることで評価する．しかし，環境保全活動の内容は複合的であるため，その対応付けが困難な場合は，重要な指標を設定し，関連する環境保全活動のみに注目して把握することもできる．

❖6.2.4 環境保全対策による経済効果

企業の利益（社会の利益ではない）に貢献した効果を，貨幣単位で測定する．
不要物や使用済み製品のリサイクルによる有価物売却などによる「収益」と，環

境保全活動によって回避された費用（「費用節減」）に分けられる．費用節減は，資源の循環的利用あるいは効率的利用による原材料費および用水費，省エネルギーによるエネルギー費の節減などの資源投入に伴うものと，廃棄物量の減少による廃棄物処理費，水の循環的利用による排水処理費等の事業活動から発生する環境負荷に関するものとがある．また，人件費やその他経費の削減など，企業の実態に応じてさまざまな費用節減を計上してよい．

確実な根拠に基づいて計算される経済効果（実質的効果）のほかに，仮定的な計算に基づいて推計する「推定的効果」がある．不確実性を伴うために慎重さが必要だが，さまざまな仮定をおくことで環境保全の取組みが企業の利益に結びつく可能性を広く示すことができる．

❖6.3　環境管理会計

❖6.3.1　環境管理会計の手法 [5][6][7]

6.2.1 で述べたように，環境会計には企業の取組みを促進するための内部機能と，外部に取組みの結果を伝える外部機能があるが，環境省ガイドラインは，どちらかというと外部報告を指向したものとなっている．これに対して，本節で紹介する環境管理会計（Environmental Management Accounting）は，環境の視点を基本においた企業の経営（環境経営）のための手法であり，意思決定に必要な情報提供を目的としている．主な目的を明確にするため，前節で紹介した環境会計を外部環境会計，本節の環境管理会計を内部環境会計と呼ぶこともでき，この両者を合わせて広義の環境会計と呼ぶ．

環境管理会計は，さまざまな財やモノの流れ（フロー）という物量単位の集計と，企業のコスト以外の，通常は意識されない隠れた費用（潜在的費用）の集計を中心的な作業としている．前者はプロセス間のフロー，特定プロセスの物質収支などであり，後者はライフサイクル的コストや社会的費用が含まれる．さらに企業の経営は原価計算，投資の配分，設計変更など，さまざまな要素が含まれている．そのため，企業活動のどの部分に注目するかで，アプローチ方法が異なる．すなわち，環境管理会計とはただひとつの手法をさすのではなく，意思決定の対象部分に応じた複数の手法から構成されている．経済産業省は**表 6.2** のように分類しており，各企業がその実情に応じて手法を選択すべきであり，その内容も目的に合わせて自由に構築することができる．その概要を，以下に示す．なお，環

表 6.2 環境管理会計手法の分類

注目する対象	環境管理会計手法		
製品別	環境配慮型原価企画システム ライフサイクルコスティング	環境コストマトリックス手法	環境配慮型業績評価システム
設備投資	環境配慮型設備投資決定手法		
生産・物流等プロセス	マテリアルフローコスト会計		

（文献 [5] より作成）

境管理会計で考慮する費用は，企業の私的費用のほかに，環境に対する影響を考慮した費用を含め，広義の環境コストと呼んでいる．

環境配慮型原価企画システム：原価企画とは，予定販売価格から目標利益を見込んで目標原価を設定し，それを実現するために設計・開発段階でコストを絞り込むことをいう．商品の企画から始まり，機能別，部品別の目標原価を定め，設計・開発プロセスを通じて目標原価を実現するプロセスを，環境を考慮したコスト（環境コスト）の下に行うのが環境配慮型原価企画である．

環境配慮型設備投資決定手法：環境保全を目的あるいは副次的目的とする設備投資に関する複数の代替案（設備の種類や，新設・交換・追加）の中から，環境面の効果を最も経済的に選択する手法である．

環境コストマトリックス手法：環境保全活動に対して妥当な予算配分を行うため，環境保全コストと，企業が被る損失（内部負担）および地域社会や住民が被る損失（外部負担）との因果関係をマトリックス（行列）形式で整理し，環境保全計画の立案とコストの予算案を，合理的に導く手法である．

環境配慮型業績評価システム：部門の業績評価に環境パフォーマンス指標（**7.1.3(3)**参照）を組み込む手法である．

以下では，第 5 章の LCA と関連の深い手法であるライフサイクルコスティング，第 2 章の物質フロー分析と関連のあるマテリアルフローコスト会計について説明する．

❖6.3.2 ライフサイクルコスティング [5][6]

環境会計では，素材，エネルギーの購入，固定費，人件費，環境保全対策費などの企業内のコストのみを考慮した．上・下流コスト（**表 6.1** 参照）を含めてはいるが，その範囲は直前，直後に限られていた．しかし，製品のライフサイクルを考えると，資源採取，素材製造などの上流側，製品を販売したのちの消費段階，

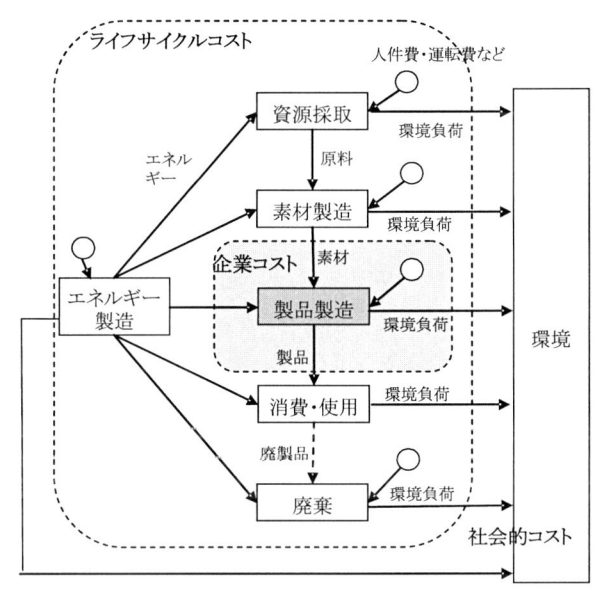

図 6.8　ライフサイクルコスト

廃棄物処理において費用が発生している．ライフサイクル全体のコストをライフサイクルコスト (Lifecycle Cost, LCC)，それを求めることをライフサイクルコスティングと呼ぶ．第 5 章の LCA はライフサイクルにわたる環境影響を求める手法であったが，それをコストで表したものである．

　ライフサイクルコストの概念を，製品ライフサイクルの流れと対応させて図 6.8 に示す．各プロセス段階では，財やエネルギーを購入し，施設の運転・管理費，人件費，環境保全費，廃棄物処理費が必要である．図の矢印は，同時に費用の流れも表している．環境会計で対象としたのは自企業内のコストのみ，すなわち私的費用のみであった．ライフサイクルコストを計算するには，上流下流のプロセスにおけるモノの出入りに関する入出力表を作成する必要があるが，これは LCA の手順と同じである．上流側のコストは購入した財の価格に集約されていると考えられるので，当該企業が購入した財に価格を乗じ，下流側のコストは物量に処理価格等をかけることで得ることができる．

　一方，各プロセスにおいて発生する環境負荷に対しては，製品ライフサイクルにかかわるいずれのプロセスからも支払われず，これを社会的コストと呼ぶ．ライフサイクルコストに社会的コストを加えたものを，フルコストと呼んでいる．

第 6 章 費用と便益の分析

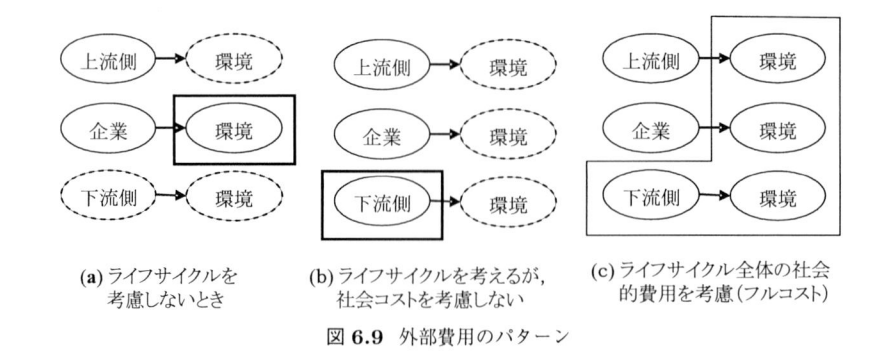

(a) ライフサイクルを
考慮しないとき

(b) ライフサイクルを考えるが,
社会コストを考慮しない

(c) ライフサイクル全体の社会
的費用を考慮(フルコスト)

図 **6.9** 外部費用のパターン

$$フルコスト = ライフサイクルコスト + 社会的コスト \qquad (6.5)$$

6.1.4 の社会的費用は社会全体の費用の意味であったが,ここで用いる社会的コスト([5] の定義に従っている)は環境に関するコストであり,内容が異なっている.

ライフサイクルコスト,社会的コストを考えると,企業の私的費用に対する外部費用の定義はひとつではないことがわかる.図 **6.9** (a), (b) の太線内は,それぞれライフサイクル,社会的コストを考えない場合の外部費用である.容器包装などの製品が使用後の廃棄物処理,リサイクルに多大の費用を要していることが問題視されているが,一般にいうところの「外部不経済」は (b),すなわち製品製造以降の費用を考慮していない状況であり,下流側の費用を製品価格に含めようとするのが「費用の内部化」である.(c) は下流側の費用,およびライフサイクル全体から生じる社会的コストを含める外部費用の考え方である.社会的費用は,LCA の最後の段階である LCIA(ライフサイクル環境影響評価,**5.4** 参照)によって求める.

❖**6.3.3 マテリアルフローコスト会計** [5][6]

マテリアルフローコスト会計における「マテリアル」とは,すべての原材料をさしている.製造プロセスにおいて,製品に対する原材料,副材料等の歩留まり率が必ずしも 100％とはならず,ロスが発生する.通常,製造工程におけるロスは必然的に発生するものと考え,その費用は一部として製品の原価に含められている.マテリアルフローコスト会計は,このロスに注目し,無駄となったコストを評価する手法である.

コストはマテリアルコスト，システムコスト，配送／処理コストに分類される．最も重要なのはマテリアルコストであり，原材料ごとに製造工程の投入時点から終点までを追跡し，発生箇所別のロスを材料名と物量で記録する．次に，物量に材料価格を乗じることで，ロスの価値を数値化する．システムコストとは，主として製造設備の減価償却や労務費などの加工費を指し，マテリアルの物量比で按分する．配送／処理コストは，廃棄物に関わる配送費と廃棄物処理コストである．

製造工程から発生するロスは，形状が異なるのみで，性状が劣るわけではない．マテリアルフローコスト会計によって，ロスの発生とその無駄にされている価値，販売することのできないロスに掛けている加工費や配送コストを明示することができる．ロスは廃棄物として処理されるので，ロスを少なくすることによって生産と廃棄物処理に伴う環境負荷発生の低減の両方の改善をはかることができる．

6.4 環境の経済価値評価

6.4.1 環境価値の分類 [2]

20世紀において環境破壊の進行を許した原因のひとつは，環境がもつ価値が無視されていたことである．公共事業，開発事業は，それらの事業により得られる直接的利益と直接的費用のバランスで評価され，例えば干潟に廃棄物埋立地が建設されるとき，工事によって失われる多様な生態系の価値は考慮されることがなかった．社会経済システムにとって，環境は「外部」として捉えられていた．しかし社会経済システムと環境との間には強い相互依存性があり，いったん失われた環境の回復は世代内では不可逆的であることがわかってきた現在，「環境を社会経済システムの一部としてとらえる」ことがシステムの持続可能性を保つ必要条件となっている．図6.5において，干潟が持つ価値の貨幣評価により得られる社会的コストを考慮すると，公共工事の限界費用曲線はその社会的コスト分だけ上方にシフトし，最適解の位置は左に移動する．すなわち干潟での廃棄物処分場の建設は困難となる（社会的コスト分だけ便益が失われると考えると便益曲線が下方に移動し，同じ解になる）．

環境が持つ価値にはさまざまな側面があり，栗山[9]は森林を例にして図6.10のように分類している．環境の価値はまず，利用価値（use value）と非利用価値（non-use value）に分けられる．利用価値のうち直接利用価値は木材を取り出すなど，環境の一部を消費するものであり，間接利用価値は自然や環境を消費するの

第 6 章 費用と便益の分析

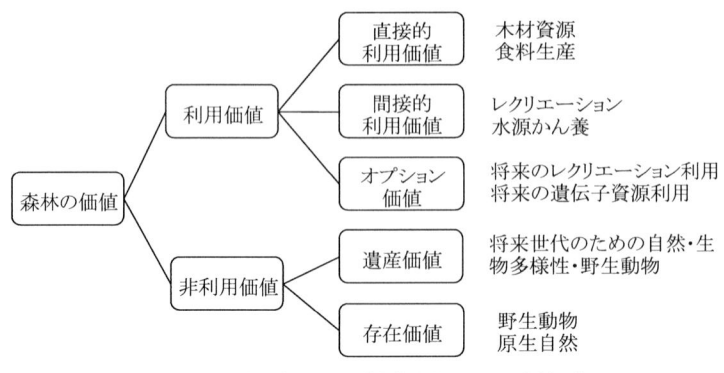

```
                    ┌─ 直接的利用価値     木材資源・食料生産
            ┌ 利用価値 ┼─ 間接的利用価値     レクリエーション・水源かん養
森林の価値 ┤         └─ オプション価値     将来のレクリエーション利用・将来の遺伝子資源利用
            └ 非利用価値 ┬─ 遺産価値         将来世代のための自然・生物多様性・野生動物
                      └─ 存在価値         野生動物・原生自然
```

図 6.10 環境価値の分類（文献 [9]，図 2.2 を修正）

ではなく，間接的に利用してサービスを得るものである．オプション価値（option use value）は将来利用可能な選択肢を残すことの価値である．一方，非利用価値のうち遺産価値（bequest value）は，さらに遠い将来世代に残しておくことにより得られる価値で，技術が発達し，森林における生物多様性から有用物質を取り出す可能性などが含まれる．存在価値（existence value）は，その利用の可能性はないが，存在自体に価値があると人々が考えるものである．利用価値は，個人が利用する積極的な姿勢が前提であるのに対し，非利用価値は，価値があるかどうかをたずねられたときに初めて認識するものである．したがって，後者は受動的利用価値（passive use value）とも呼ばれる．オプション価値，遺産価値は，両者の中間的な位置にある [2]．

❖6.4.2 環境評価手法の分類 [2]

環境評価の手法は，**表 6.3** のように分類できる．

表 6.3 環境影響評価手法の分類

手法の分類		評価手法
選好独立型		再生費用法 適用効果法
選好依存型	表明選好法	仮想評価法（CVM） コンジョイント分析
	顕示選好法	トラベルコスト法 ヘドニック価格法

（文献 [2]，図 2.6 をもとに作成）

個人が財やサービスに対して持つ望ましさの順序や尺度を選好（preference）という．選好とは無関係に環境を評価する手法（選好独立型）として，再生費用法，適用効果法などがある．

再生費用法（Replacement Cost Methods）は，失われた環境の再生，あるいはそれに変わるものを生み出す費用を，環境の価値とする手法である．河川が汚染された場合，汚染を取り除き，植生を回復させるなど，再生のための費用を計算する．あるいは河川の親水空間としての価値に注目するならば，人工的な空間の創生，自然浄化力の価値を対象とするならば，河川水浄化設備の建設と運転費用で評価することも可能である．

適用効果法（Dose-Response Methods）は，環境の劣化が何らかの具体的な価値に影響するとき，その合計ではかる手法である．河川が汚染されることにより漁獲量が減少し，観光収入が低下したならば，その合計を失われた価値とする．環境が回復する場合には，増加額を用いる．

選好依存型の評価方法は，大きく表明選好法（SP：Stated Preference methods）と顕示選好法（RP：Revealed Preference methods）に分類される．前者は環境の価値を直接たずねる手法であり，使用頻度が高い仮想評価法（CVM），コンジョイント分析については別項で説明する．後者は個人の経済行動から間接的に評価する手法であり，トラベルコスト法とヘドニック法が代表的である．

❖6.4.3　トラベルコスト法とヘドニック法 [2][8]

トラベルコスト法（TCM：Travel Cost Method, 旅行費用法）は，レクリエーションの価値を旅行のために支払った費用によって評価する手法である．レジャー施設などのレクリエーション地に対し，ある地域 A の住民の平均旅行費用が C_A，全人口に対する訪問率が x_A であったとする．地域 A より遠隔地であれば旅行費用は増加し，訪問率は低下するので，両者の関係は図 **6.11** のようになる．これは，レクリエーションの需要曲線（あるいは支払意思額曲線）であり，図網掛け部面積の

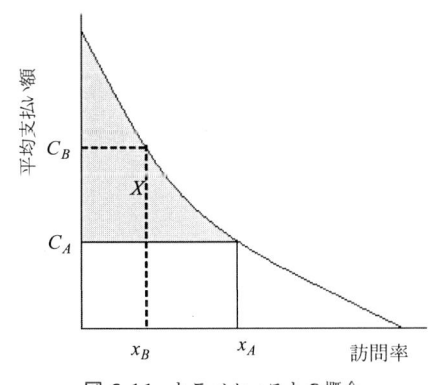

図 **6.11**　トラベルコストの概念

純便益 X に訪問人数（＝訪問率×全人口）をかけたものが，地域 A の住民が得る便益である．この例は遠隔地の，訪問頻度の高くないレクリエーション地に対して用いられ，ゾーン TCM と呼ばれる．訪問頻度が高い場合は，個人としての訪問回数と旅行費用から個人の需要関数を求める方法をとり，個人 TCM という．

ヘドニック法（hedonic price method）は，環境の価値が土地価格，労働賃金に反映される（価格が環境の影響を受ける）ことを仮定した手法である．住宅の価格が選ばれることが多く，その地域内の施設，交通の便などの地理的条件，土地面積，床面積などの住宅そのものの条件，緑の多さ，大気汚染状況などの環境要素が，価格に与える影響を分析する．

これら2つの方法は手法としては簡単であるため，多くの利用例がある．しかしトラベルコスト法は旅行に要した時間を別の目的に使った際に得られる費用（機会費用と呼ぶ）の算出が難しく，また旅行目的先が複数の場合にどう費用を配分するかが困難である．また，ヘドニック法には住宅市場が変動性をもち，価格に影響する説明変数が多いことから個々の影響を特定しがたいとの技術的問題がある．しかし，環境の価値計測における両者の最大の弱点は，トラベルコスト法で測定できるのはレクリエーションに関連するものであり，ヘドニック法は環境の特性のうち特定地域に限定され，しかも図 6.10 の存在価値，遺産価値は測ることができないという，対象の限定性にある．

❖**6.4.4 仮想評価法**[8]

仮想評価法（CVM：Contingent Valuation Method）はアンケートなどによって環境が改善（あるいは破壊）された状態を仮想的に設定し，改善に対する支払意思額，破壊に対しては受入補償額を直接聞き出して貨幣価値を評価する方法である．直接質問するため，どのような環境であっても評価できるとの特徴をもっている．野生生物や熱帯林の価値などは，仮想評価法以外では評価できない．

環境を売り買いすることはないので，「湿原を守るためにいくら支払いますか」という質問に答えることは難しい．そこで，CVM では現在の状態を示し，次に仮想的な状態を想定してその変化分に対する支払意思額あるいは受取補償額を尋ねるとの方法をとる．しかし「緑が現在より 10％増加する」といったことばは，改善後の状態に対するイメージが回答者ごとに異なる．現在と仮想的状態の変化を視覚的に示すため，写真やコンピュータグラフィックスが用いられることがある．面接調査が望ましいが，郵送調査，電話調査も行われる．

表 6.4 仮想評価法（CVM）の質問方法

名称	方法	長所または欠点
自由回答方式	自由に金額を記入する	無回答が多くなる 極端な回答が多くなる
付値ゲーム方式	オークション（競売）のようにして金額を決定する	最初の提示額の影響を受ける 回答に時間がかかる
支払カード方式	選択肢の中から金額を選んでもらう	提示した金額範囲が影響する
二項選択方式	ひとつの金額を提示し，yes または no で回答してもらう	回答者が答えやすい バイアスが少ない

（文献 [8]，表 3.1 を修正）

CVM の質問方法には，表 6.4 の形式がある．自由回答形式（open-ended question）は，「いくら支払うか」を自由に記入してもらう方法である．通常は環境の価値など考えることはないので，無回答や，極端に高いあるいは低い金額が多く表れる．付値ゲーム（bidding game）とは，オークション（競売）や市場のセリと同じように，ある金額を提示し，no という回答まで金額を上げていく方法である．最初に提示した金額を相場の基準と捉えるため，最初の付け値の影響を受けるといわれている．

支払カード方式（payment card）は，あらかじめ金額が記入されたカードから，自分の支払意思額に相当するものを選択する方法である．自由回答方式のような多くの無回答の発生や，付値ゲームにおける初期金額への依存性はないが，やはり選択肢の範囲に拘束される．また，回答が支払意思額の上限としてか，許容範囲の中に含まれているのかがあいまいであるとの問題もある．

CVM の結果の偏りをバイアス（偏り）と呼び，上記の方法には，初期値や範囲によってバイアスが生じる．これに対し，二項選択方式（dichotomous choice）はあるひとつの金額のみを提示し，それ以上支払う意思があるかどうかを問うだけである．回答は yes か no であり，金額と yes の確率を統計的に分析して支払意思額を決定する．二項選択方式は回答者が回答しやすく，かつ金額の初期値や範囲によるバイアスがなく，意図的に回答金額を過大（あるいは過小）申告することがないため，優れた方式と考えられている．

❖**6.4.5 コンジョイント分析**[2]

テレビを購入するとき，画面の大きさ，タイプ（液晶，プラズマ，ブラウン管），

第6章 費用と便益の分析

価格などを考えて選ぶ．すなわち消費者は，製品がもつ個別の属性の価値を評価し，それらを総合して製品の価値を決定している（経済用語では，属性には部分効用があり，商品の全体効用を形作ると表現する）．各属性の中のレベルを，水準と呼ぶ．コンジョイント分析（conjoint analysis）とは，さまざまな属性をもつ製品を比較評価することにより，各属性の価値を推定する手法である．どのような商品を作れば売れるかが分析できるため，1970年代からマーケティング・リサーチの分野で用いられてきたが，1990年代になって環境評価にも応用されるようになった．仮想評価法が環境全体を評価するのに対し，コンジョイント分析は環境が持つ属性に分解し，その価値を評価する．まだ環境に対する適用例は多くはないが，環境そのものが多属性，多次元的な特性をもつため，属性間の価値比較ができるコンジョイント分析は費用対効果の高い政策決定のための情報を与えてくれる．また支払意思額を属性に加えると属性間の重みにより各属性の貨幣価値評価も可能である．特定の対象に対して得られた属性間の価値の差は一般性をもつ可能性があり，環境評価の手法として研究が進められている．

コンジョイント分析は，複数の属性の組合せパターン（プロファイル）を作成し，それらを比較あるいは順位付けすることで回答者の選好を調べるとの方法をとる．分析方法には，完全評定型，選択型・ランキング型，ペアワイズ評定型がある．完全評定型は，図 **6.12** (a) のように提示されたプロファイルのそれぞれに

(a) 完全評定型

	録画機能	画面サイズ	価格	評点
1	なし	30型	10万円	u_1
2	HDD内蔵	20型	15万円	u_2
3	DVD内蔵	20型	10万円	u_3
4	なし	40型	15万円	u_4
5	DVD内蔵	40型	20万円	u_5
6	HDD内蔵	30型	20万円	u_6

(b) ペアワイズ評定型

A | HDD内蔵 | 20型 | 15万円 |
↑ 1 Aが望ましい
| 3
↓ 5 どちらともいえない
| 7
↓ 9 Bが望ましい
B | DVD内蔵 | 40型 | 20万円 |

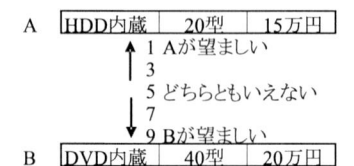

図 **6.12** コンジョイント分析の質問方法

評点をつける方法である．この例では，属性は 3 つであり，それぞれの水準は録画機能（なし，HDD 内蔵，DVD 内蔵），画面サイズ（20 型，30 型，40 型），価格（10 万円，15 万円，20 万円）としている．評点を目的変数として重回帰分析を行うと，回帰モデル

$$U = w_R{}^H X_{\text{HDD}} + w_R{}^D X_{\text{DVD}} + w_S X_S + w_P X_P \tag{6.6}$$

が得られる．X_S, X_P は画面サイズ，価格，w_S, w_P はそれらの重みであり，画面サイズ，価格の増加がどれだけ価値を高めるかを示す．価格が高いことは好まれないので，w_P は負の値になるであろう．録画機能は数値ではないので，X_{HDD}, X_{DVD} はそれぞれ HDD 内蔵，DVD 内蔵のとき 1，内蔵しないとき 0 とするダミー変数である．$w_R{}^H$, $w_R{}^D$ は録画機能なしを基準とし，それぞれの機能がついたときの価値を表す．

選択型とは，図 **6.12** (a) のプロファイル群の中から，最も好ましいものをひとつ選択させるものである．この場合は，選択肢の中から選ばれる確率をもとに，最尤推定法（データに最もよくあてはまるパラメータを推定する方法）によって各属性の重みを決定する．ランキング法はプロファイル群のすべてに順位をつける方法で，2 番目の選択は，1 番目を除いた状態を考えれば選択法と同じであり，選択法はプロファイル群の特殊な場合である．選択法と同様に，最尤推定法で重みを決定する．

ペアワイズ評定法は，図 **6.12** (b) のように 2 つのプロファイルを対として比較する．A が望ましいとき 1，B が望ましいとき 9，どちらともいえないとき 5 と，好ましさの程度に応じて数値化する．この数値は両者の好ましさの差 ΔU を表し，

$$\Delta U = w_R{}^H \Delta X_{\text{HDD}} + w_R{}^D \Delta X_{\text{DVD}} + w_S \Delta X_S + w_P \Delta X_P \tag{6.7}$$

とモデル化して各属性の水準の差の重み（画面サイズの差 ΔX_S に対する重み w_S など）を推定する．

❖6.5 費用−便益の評価例

❖6.5.1 鉄道の費用便益分析 [10]

公共的事業の費用便益分析として，鉄道がバスに転換した場合の分析例を紹介する．目的は地方鉄道を維持・存続するか，バス等へ転換するかを判断すること

表 6.5 地方鉄道の便益

鉄道利用者への効果		総所要時間短縮効果	自動車利用との差
		総費用節減効果	自動車利用との差
		移動時間の定時性向上	自動車利用との差
		移動の快適性向上	自動車利用と比較した場合の疲労度軽減，運転から解放されることによる移動中の自由度増加
地域社会（住民・地域企業）への効果	自動車交通削減による効果	道路交通混雑緩和効果	走行時間短縮，走行経費減少
		道路交通事故削減効果	
		環境改善効果	NO_x，CO_2，道路騒音の改善
	鉄道の存在効果	間接利用効果	鉄道が走っている景観を見ることによる満足感
		オプション効果	いつでも利用できるという安心感・期待感
		代位効果	家族等の利用により，送迎の心理的負担回避の満足感
		遺贈効果	鉄道を後世に残すことの満足感
		地域イメージアップ効果	地域の知名度向上，駅周辺などのランドマーク性維持・向上などに対する満足感
		地域連携効果	地域拠点と連絡された鉄道が存在することの安心感
	波及効果	経済効果	中心市街地の活性化，観光産業等の発展
		土地利用促進	土地利用の高度化促進，沿線住民の増加など
供給者への効果		当該事業者収益	鉄道事業者の収益
		競合・補完事業者収益	競合・補完する事業者の収益

調査対象外

にある．すなわち国土交通省の指針にある with と without のケースの比較である（**6.1.4** 参照）．地方鉄道の便益は，鉄道利用者，地域社会，供給者に対するものに分類し，**表 6.5** のような効果を調査対象としている．網掛け部分は，調査から除いた効果である．このうち鉄道利用者への効果は，公共交通利用時と自家用車利用時のサービス水準の比較，自動車交通削減による地域社会への効果は，自動車交通量の変化から推定している．一方，「鉄道が走っている景観を見ることによる満足感」「鉄道を後世に残すことの満足感」などの存在価値については，CVM によって把握している．

❖6.5.2 河川環境整備の仮想評価法による評価 [11]

北海道静内町を流れる古川の河川環境整備事業に対する評価の例を紹介する．調査は1999年に古川周辺の360世帯に対し，訪問面接方式で行われた．回答者に渡される参考資料には，水質が悪化している，川辺に憩いの場がないなどの問題点を説明し，「川づくり」により得られる「川がきれいになる．においが少なくなる．魚が生息するようになる．周辺に樹木，芝生，花壇などを整備する．川に近づきやすくなり，水に触れることができる」などの効果が，イメージ図を用いて現状と比較されている．この説明ののち，以下のような質問をした．

「川づくりは税金で行われますが，仮に住民が負担することを想定してください．1世帯当たりの負担が年間2000円だけ増えるとしたとき，あなたはこの計画に賛成ですか，反対ですか．負担額だけあなたが購入できる別の商品やサービスが減ることを十分考慮してお答えください．」

次に賛成と答えた人に対して

「もし，年間3000円だけ増えるとしたら，賛成ですか，反対ですか．」

最初の質問に反対と答えた人に対しては

「もし，年間1000円だけ増えるとしたら，賛成ですか，反対ですか．」

と2つ目の質問をしている．これはダブルバウンド（二重制約）二項選択法と呼ばれる方法で，バイアスを回避するのに有効とされている．金額は，各回答者で異なる金額を提示する [8]．図**6.13**に，提示金額に対する賛成割合を示す．賛成割合は，金額の多い方からの累積値であり，提示価格が大きいほど賛成する人の割合が減少することを示している．2000円ではまだ50％以下しか賛成していない．この累積分布を

$$F(t) = \frac{1}{1+\exp(a+b\ln(t))} \quad (t：提示金額) \tag{6.8}$$

とすると，$\ln(1/F(t)-1) = a + b\ln(t)$ のように線形化し，回帰分析により $a = -8.111, b = 1.105$ が得られる．図**6.13**に破線で示す推定分布より，中央値（メジアン）1500円，平均値4200円が得られる．

また，この調査では，この事業が中止になった場合に「どの程度の清掃活動に協力できるか」を時間でたずねている．自由回答方式で調査し，支払意思額と同様の関数形を仮定し，賃金率（単位時間の報酬）を掛けて図**6.13**の結果と比較した．その結果，平均値はほぼ等しいが中央値は2700と2倍近くになり，支払意

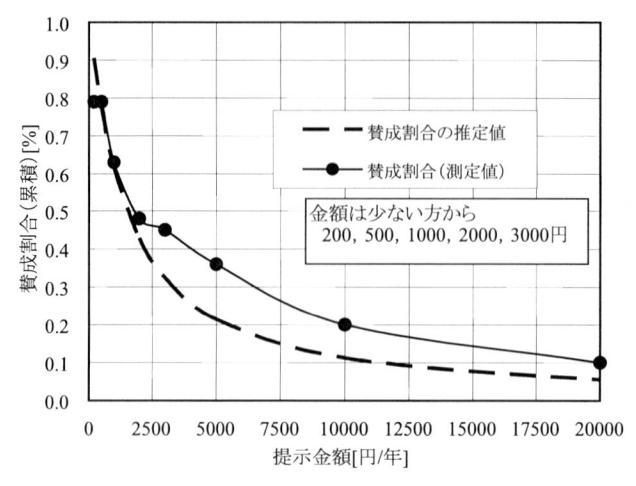

図 6.13 提示額に対する賛成割合

思額は左側に偏っているため，安定した平均値を得るには後者の方法が望ましいとしている．

❖6.5.3 家庭用浄水器のコンジョイント分析 [12]

　家庭用浄水器のフィルター部分はポリエチレンなどの合成繊維で，使用後は廃棄物となる．これに対して間伐材などの木質系廃棄物を微生物処理したリサイクル素材があり，廃棄後は生物分解するので環境にやさしい．このリサイクルの価値がどのくらいあるのかを知りたいが，浄水器にはほかの機能もあり，それらの価値との違いを把握しなければならない．そこで，選択型コンジョイント分析で評価が試みられた．

　回答者に示すプロファイルの例を表 6.6 に示す．除去性能は 4 種類の物質を考慮し，トリハロメタンは水道水の原水処理の際に発生する発ガン物質である．フィルターは通常型とリサイクル型の 2 種類である．質問文はプロファイルが異なるものを 10 種類作成し，各回答者に 10 回の質問を行った．プロファイルの作成に当たっては，非現実的にならないよう，実際に販売されている製品を参考にした．また，除去性能，価格ともに高いなど，相互にトレードオフ関係があるよう設定した．調査は電話帳から無作為に抽出した 200 人であり，家庭を訪問し，面接方式で行った．質問の前には，家庭用浄水器の説明，2 種類のフィルターの違いを

6.5 費用–便益の評価例

表 6.6 家庭用浄水器フィルターの質問文の例

質問「以下の商品があるとき，どの商品を選びますか．ひとつを選択してください」

選択肢	1	2	3	4
除去性能	カビ臭 カルキ臭 サビ色	カビ臭 カルキ臭 サビ色 トリハロメタン	カビ臭 カルキ臭 サビ色	どれも選ばない
フィルター	通常型	リサイクル型	リサイクル型	
交換期間	3 ヶ月	6 ヶ月	24 ヶ月	
カートリッジ価格	3 000 円	5 000 円	6 000 円	

（文献 [12] の表を引用）

説明している．有効回答者数は 163 人，平均アンケート時間は 15 分であった．

属性に価格を含めているため，各属性の重みを価格の重みで割ることによって，貨幣価値，すなわち支払意思額を求めることができる．属性別の限界支払意思額は，トリハロメタン除去 3 088 円，24 ヶ月 1 918 円，カビ臭除去 1 343 円，6 ヶ月 1 025 円，リサイクル型 1 005 円，サビ色除去 629 円の順となった．分析は価格以外はダミー変数を用い，通常型，交換期間 3 ヶ月，除去性能なしを基準としている．またカルキ臭除去は，カビ臭除去との相関が高いことがわかったので，途中で分析から除外した．

リサイクルの価値は統計的に有意であり，通常の製品と比べて 1 000 円ほど高くても市場での競争力を持つことがわかった．しかし，除去性能や交換期間の価値はさらに高いため，性能が劣れば価格を下げなければならない．例えば，トリハロメタン除去性能がなければ，通常商品より約 2 000 円（＝ 1 005 − 3 088）下げなければ競争できないことがわかる（原論文では，市場のシェアを推定して議論している）．

演習問題（第 6 章）

以下の説明文には，それぞれ誤りがある．正しい文章に訂正しなさい．

(1) 財・サービスに対して支払ってよい金額を支払意思額（WTA）といい，これによって財・サービスの価値（便益）を金銭換算することができる．

(2) ある対策の総便益，総費用の差を純便益と呼び，純便益を比較して実行案を選択する手法を費用便益分析という．

(3) 企業，事業体の活動は，外部に対して影響を与え，自治体や住民などに経済的な負担を強いていることがある．企業，事業体外で生じるこれらの費用を限界費用と呼ぶ．

(4) 環境会計は事業活動における環境保全活動とその効果を評価する仕組みであり，環境保全コスト，環境保全対策に伴う経済効果，環境保全効果で構成され，結果は金銭単位で表す．

(5) 環境会計における環境保全コストは，企業，事業体における環境保全，管理活動，管理活動等のコストであり，資材の購入や生産した財・サービスの消費・廃棄は含めなくてよい．

(6) ライフサイクルコストとは，企業で使用する原料等の採取から生産された製品の廃棄までの費用，および各プロセスで発生した環境負荷に対して社会が支払った費用の総計をいう．

(7) 仮想評価法（CVM）は，アンケートなどによって環境改善などの仮想的状況に対する金銭価値を問う方法であるが，対象が限定されるとの問題がある．

(8) コンジョイント分析は複数の属性の価値を推定できる手法であり，環境そのものが多属性，多次元的特性を持つため，環境評価手法として広く用いられている．

引用・参考文献

[1] バリー・C・フィールド：環境経済学入門，日本評論社，2005
[2] 鷲田豊明：環境評価入門，勁草書房，2000
[3] 環境省：環境会計ガイドライン 2005 年度版，平成 17 年 2 月
[4] 朝日監査法人，ATC グリーンエコプラザ：環境会計のしくみと導入ノウハウ，中央経済社，2003
[5] 経済産業省：環境管理会計手法ワークブック，平成 14 年 6 月
[6] 國部克彦 編著：環境管理会計入門−理論と実践，産業環境管理協会，2004
[7] 国連持続可能開発部：環境管理会計の手続きと原則，2001
[8] 栗山浩一：環境の価値と評価手法，北海道大学図書刊行会，2001
[9] 栗山浩一：公共事業と環境の価値− CVM ガイドブック，築地書館，2002
[10] 今城光英：地方鉄道の費用対効果分析，第 3 回鉄道整備等基礎調査シンポジウム，2005 年 3 月 14 日
[11] 大野栄治 編著：環境経済評価の実務，勁草書房，2000
[12] 栗山浩 ，石井寛：リサイクル商品の環境価値と市場競争力−コンジョイント分析による評価−，環境科学会誌，Vol.12, No.1, pp.17–26, 1999
[13] 国土交通省：公共事業評価の費用便益分析に関する技術指針，平成 16 年 2 月
[14] 金森久雄：経済学基本用語辞典，日本経済新聞社，1998

第7章　環境管理と社会的責任

6.2 の環境会計は，環境への取組みと費用のバランスを評価する手法であるが，経済面にとどまらず，企業はその取組みを組織的，持続的に進めるための体制を整えなければならない．これを環境マネジメント（環境管理）システムと呼び，国際標準化機構によって国際規格が設けられている．**7.1** ではその概要を説明する．企業は **7.2** で述べる手順によって規格に合致することが認められると，環境への取組みレベルがある一定水準にあるとの「社会的評価」を受けることができる．環境報告書（**7.3**）は，環境配慮の取組み状況を一般に公開することで，社会への情報公開，説明責任を果たす手段である．また，企業に対しては環境に対してのみならず，社会に対して責任ある行動をとらなければならないとの考えが広まっている．**7.4** では社会的責任の概念とその内容について述べる．

❖7.1　環境管理の必要性

❖7.1.1　企業の環境責任

1989 年に，アラスカ湾沖でタンカー「エクソン・バルディーズ号」が座礁し，積荷の原油 4 万 2 千キロリットルが流出するという事故が起こった．対応が遅れたため，350 マイル以上の海岸が汚染され，ニシン，サケ等の魚類，海鳥，ラッコ，アザラシ等に大きな被害を及ぼした．除去作業には 1500 の船を使用し，12 000 人が手作業で油まみれになった鳥や海獣などから油を洗い流し，海岸の油をすくい取った．エクソン社は 20 億ドル以上を費やした[1]といわれている．

バルディーズ号の事件は，企業活動が重大な環境影響を起こしうることを強く認識させるきっかけとなり，アメリカで環境保護団体や投資関係団体などからなる NGO セリーズ（CERES, Coalition for Environmentally Responsible Economies：環境に責任をもつ経済のための連合）が設立された．セリーズが公開した「企業における環境配慮に向けた意思決定の判断基準」はセリーズ原則（当初はバルディーズ原則）と呼ばれており，序文で次のように企業が環境に責任を持つことを宣言している[2]．

「以下に挙げる原則を採決するに当たって，我々はつぎのような私達の理念をここで確認しておきたい．企業は環境に対して直接的な責任を負うものであり，事業のすべての局面において地球の保護に配慮し環境の責任あるスチュワード（steward，執事）として行動し経営にあたるべきである．また我々は，企業は次世代が生存するに必要なものを手に入れる権利を侵害するようなことを決してしてはならない，と確信するものである．（以下略）」

そして，以下の10の原則をあげている．

1) 生物圏の保護，2) 天然資源の持続的活用，3) 廃棄物の削減とその処分，4) エネルギー保全，5) 環境リスク低減，6) 安全な製品・サービスの提供，7) 環境の修復，8) 情報公開，9) 経営者の関与，10) 評価と年次報告

10) は，**7.3** で述べる「環境報告書」を提案した最初のものとされている．

❖7.1.2 環境マネジメントシステム規格

かつての環境問題は，公害に代表される局所的な影響であった．しかし，バルディーズ号の事件に見られるように企業活動規模の増大と技術の高度化のため，ひとつの事故が起こす影響の程度・範囲は以前よりも大きくなる可能性がある．また，1972年の国連人間環境会議（ストックホルム会議）において地球は限られた空気と水に依存する「宇宙船地球号（Spaceship Earth）」にたとえられたが，地球が有限であることの認識は，温暖化，酸性化，砂漠化などの具体的な影響が紹介されるにつれて高まり，いまや「地球規模」の環境問題の緩和，解決は人類共通の最優先課題となっている．地球環境問題は，地球上すべての人類が，同時に加害者とも被害者ともなるため，世界全体の共通した取組みが必要となっている．

1992年開催の地球サミット（リオサミット）では，持続可能な開発の実現のための具体的な方策が話し合われ，「持続可能な開発のための人類の行動計画（アジェンダ21）」が採択された．本文40章のうち，第30章「産業界の役割の強化」において「商業および工業は環境管理を企業の最優先事項として，また持続可能な開発における最も重要な要素として認識しなければならない」とした[3]．環境管理（環境マネジメント）とは，「環境に関する方針や目標を設定し，その達成に向けて取り組むこと」を指し，このための企業内の体制・手続き等を「環境マネジメントシステム（EMS：Environmental Management System）」と呼んでいる．ISO（国際標準化機構）はアジェンダ21の採択を受けて，1993年に環境マネジメントに関する技術委員会（TC207）を新設し，国際規格の策定を開始した．

セリーズ原則は企業が自主的に環境に関する姿勢を示すものだが，その具体的な方法の規格化がはかられたのである．

❖7.1.3 ISO 14000 シリーズ

TC207 には 6 つの作業部会が設置され，それぞれ**表 7.1** の規格作成作業が行われた．14000 台の規格番号がつけられていることから，総称して ISO 14000 シリーズと呼んでいる．第 5 章で説明した LCA は SC5 が担当し，14010 原則および枠組み，14041 目的および範囲の定義ならびにインベントリ分析，14042 影響評価，14043 解釈，の規格がある．環境マネジメントシステムについては，**7.2** で詳しく述べる．

表 7.1　ISO 14000 シリーズ規格

作業部会	ISO 番号	タイトル	内容
SC1	14000〜	環境マネジメントシステム	環境管理システム（EMS）に関する規格
SC2	14010〜	環境監査	EMS の監査に関する規格
SC3	14020〜	環境ラベル	環境に配慮した製品等につけるラベルに関する規格
SC4	14030〜	環境パフォーマンス評価	EMS の成果を評価するための規格
SC5	14040〜	ライフサイクルアセスメント	
SC6	14050〜	用語および定義	

(1) 環境監査（Environmental Audit）[4]

環境マネジメントシステムがいかによく機能しているかを組織的・実証的・定期的・客観的に評価することを環境監査という．14010：一般原則，14011：環境管理システムの監査手順，14012：環境監査員の資格基準が規定されている．

監査を誰が行うかにより，第一者監査（事業者自ら行う），第二者監査（取引先など特定の利害関係を有する機関が実施），第三者監査（特別な利害関係にない独立した機関が行う）に分けられ，第一者監査を内部環境監査，それ以外を外部環境監査という．環境マネジメントシステムを構築する場合には，点検プロセスの中で内部環境監査の実施が必要である．監査の対象によって，環境マネジメントシステム監査，環境パフォーマンス監査（法律等の基準に適合しているか），環境声明書（EMS や環境パフォーマンスについて記載した文書）監査に分類される．

(2) 環境ラベル（Environmental Label）[5]

環境ラベルとは，商品などにつけられる環境に対する配慮状況を表現する表示であり，エコラベルと呼ばれることもある．ISO では，**表 7.2** の 3 つに分類して

表 7.2　環境ラベル

ISO における名称および該当規格	特徴	内容
タイプ I (ISO14024) 第三者認証	第三者認証による環境ラベル	・第三者実施機関によって運営 ・製品分類と判定基準を実施機関が決める ・事業者の申請に応じて審査して，マーク使用を認可
タイプ II (ISO14021) 自己宣言	事業者の自己宣言による環境主張	・製品における環境改善を市場に対して主張する ・宣伝広告にも適用される ・第三者による判断は入らない
タイプ III (TR14025) 環境情報表示	製品の環境負荷の定量的データの表示	・合格・不合格の判断はしない ・定量的データのみ表示 ・判断は購買者に任される

環境省ホームページ http://www.env.go.jp/policy/hozen/green/ecolabel/c01_04.html

いる．タイプ I は第三者の判定基準に合格した場合に使用が許されるものである．日本では (財) 日本環境協会が認定するエコマーク [6] が唯一のもので，文具から土木製品など対象ごとにライフサイクル全体における環境負荷（資源の消費，エネルギー消費，大気・水・土壌への汚染物質排出，廃棄物の排出，有害物質の利用，生態系の破壊，その他の環境負荷）に関する認定基準がある．例えば情報用紙の基準は，古紙パルプ配合率，白色度，製造時の汚染物排出等の基準遵守，パルプ漂白工程における塩素不使用などであるが，パソコン（**表 7.3**）は 3R 設計，化学物質の無添加・不使用，LCA の実施など，幅広い項目に関する認定基準が定められている．2006 年 6 月末時点でのエコマーク認定商品数は 4 862 となっている．

タイプ II（自己宣伝型）は，事業者が独自に設定するものであり，製造業者だけでなく，リサイクル製品，環境にやさしい店舗・事業所などに対し自治体が認定するラベルも多くある．また，パソコンの PC グリーンラベル（パソコン 3R 推進センター），古紙利用製品に対するグリーンマーク（古紙再生促進センター）は業界団体が，家電製品等に対する省エネラベリング（経済産業省），自動車の排ガス低減レベルを示す低排出ガス車認定（国土交通省）は国が認定する環境ラベルである．

タイプ III ラベルは LCA をもとに製品の環境影響を定量的に表示するものであり，2002 年に産業環境管理協会が運用を開始したエコリーフ環境ラベルはこの例である．電気，機械，素材，建設などの製品，エネルギー，運輸などのサービスを対象としているが，情報・データの公開が目的であり，評価は読み手に任せるとしている [7]．LCA の手法の共通化，データ収集等の問題のため，これに該当

表 7.3 パソコンのエコマーク認定基準

3R 設計（計 21 項目）
再利用部品および再生資源としての利用の容易化 　分離・分解の容易化 　部品などの分別の容易化 　再利用部品および再生資源の利用 　長期使用化 　プロセスの記録
化学物質（8 項目）
有害物質の添加なし（5 項目） 　小型充電池の識別表示 　鉛等が含有量基準以下 　製品からの VOC 拡散速度が小さい
製造工場における取組み（3 項目）
LCA の実施，利用者への情報提供
省エネルギー設計（3 項目）
騒音レベル
情報提供
補修用部品の最低保有期間 　修理に関する項目への適合性 　電池の交換方法 　二次電池の再生資源利用促進にかかる表示 　動作状態での最大，最小消費電力
紙製印刷物
包装材料
材質表示 　有害物の不使用

(財)日本環境協会　エコマーク事務局 [6] をもとに作成

する環境ラベルの例は少ない．

(3) 環境パフォーマンス評価（Environmental Performance Evaluation）

　環境配慮を進めるには，環境マネジメントシステムの効果を測る必要がある．環境負荷の削減などの測定可能な結果を環境パフォーマンス，その評価のための指標を環境パフォーマンス指標という．ISO 14031 は，「組織内部での環境パフォーマンス評価の設計および仕様に関する指針」を定めている．

　環境省は，事業活動に伴う環境負荷低減，自己評価を進めるとともに，事業者間の比較，評価を容易とするため「事業者の環境パフォーマンス指標ガイドライン」[8] を作成している．ガイドラインでは，表 7.4 に示すように指標を整理している．事業活動に伴って発生する環境負荷（オペレーション指標）のうち，物質

表 7.4 環境パフォーマンス指標の構成

オペレーション指標（事業活動に伴う環境負荷）	インプット	①総エネルギー投入量 ②総物質投入量 ③水資源投入量	コア指標
	アウトプット	④温室効果ガス排出量 ⑤化学物質排出・移動量 ⑥総製品生産量又は総製品販売量 ⑦廃棄物等総排出量 ⑧廃棄物最終処分量 ⑨総排水量	
	①〜⑨の補完	投入エネルギーの内訳 資源の種類，投入時の状態 廃棄物等の処理方法の内訳　など	サブ指標
	その他	事業者内部の水循環使用量 騒音・振動，悪臭 使用済み製品，容器・包装の回収量　など	
環境マネジメント指標（資源の管理・運用する手法・組織，社会貢献活動等）		環境マネジメントシステム 環境会計 グリーン購入 環境に関する社会貢献　など	
経営関連指標（経済活動，事業活動を行うための資源）	経営指標	売上高 従業員数　など	
	その他	環境効率性を表す指標 環境負荷の統合指標	

「事業者の環境パフォーマンス指標ガイドライン（2002年度版）」[8] より作成

循環，マテリアルフローの観点からインプット，アウトプットに関わる9つの指標を，すべての事業者が把握すべき「コア指標」としている．コア指標以外に，事業の特性に応じて環境負荷の状況，環境への取組み，その効果を把握・管理するための指標として，サブ指標を挙げている．コア指標を質的に補完する指標のほか，環境マネジメント，経営に関する指標も含まれ，事業者が必要に応じて選択する．

また，環境パフォーマンス指標が備えるべき要件として「環境に関わる課題と適合していること，比較が容易であること，検証が可能であること，理解が容易であること，網羅的に内容を把握すること」が挙げられている．

7.2 ISO認証の手順

7.2.1 EMSの要求事項とPDCAサイクル

環境マネジメントシステムが満たすべき要件が，ISO 14001で表7.5のように規定されている[5][9]．

表7.5 EMSの一般要求事項

(1) 環境方針	
(2) 計画 　　環境側面 　　法的およびその他の要求事項 　　目的および目標 　　環境マネジメントプログラム	Plan
(3) 実施および運用 　　体制および責任 　　訓練，自覚および能力 　　コミュニケーション 　　環境マネジメントシステム文書 　　文書管理 　　運用管理 　　緊急事態への準備および対応	Do
(4) 点検および是正処置 　　監視および測定 　　不適合ならびに是正および予防処置 　　記録 　　環境マネジメントシステム監査	Check
(5) 経営層による見直し	Action

(1) 環境方針

取組みの方向性，基本的な考え方であり，組織のトップが「環境方針」として公表する．

(2) 計画 (Plan)

組織の活動のうち，環境に影響を与える可能性のある要素を環境側面と呼び，これをすべて洗い出し，環境に関する規制等のうち関連するものを調査する．それらと環境方針を照らし合わせ，目的と目標を設定し，そのための行動計画として各部門の責任の明示，手段と日程などを含んだ環境マネジメントプログラムを作成する（環境側面の具体例は表7.11参照）．

(3) 実施および運用（Do）

環境マネジメントプログラムに基づいて，各部門の取組みを実施する．確実な運用のため，現場の体制と責任を明確にし，組織内部および外部とのコミュニケーションを図る．また環境マネジメントシステムの内容を文書化し，関連する文書や記録の所在を明確にする．

(4) 点検および是正処置（Check）

各部門で，マネジメントシステムが適切に運用され，機能しているかをチェックリストで確認し，取組みの進捗状況の定期点検を行う．そのために内部監査員（**7.1.3**（1）参照）を選任する．基準に対する不適合があれば，是正あるいは予防処置の実施など，具体的な対応をとる．また，環境マネジメントシステム自体のチェックを行う．

(5) 経営層による見直し（Action）

組織の経営層は，環境マネジメントシステム全体の見直しと改善を実施する．見直しの結果は文書化する．

環境マネジメントシステムは以上の（2）〜（5）の手順 Plan-Do-Check-Action を繰り返すことで運用され，これを PDCA サイクルと呼んでいる（図 **7.1**）．

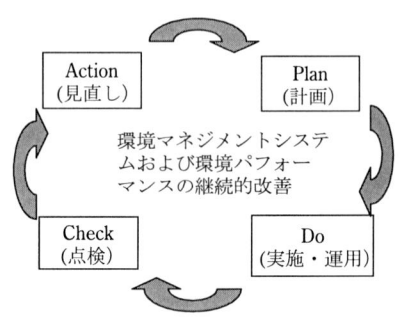

図 **7.1**　PDCA サイクル

❖ 7.2.2　認証手続き

事業所によってつくられた環境マネジメントシステムは独自に運用してもかまわないが，ISO 14001 規格に適合しているかどうかを第三者機関（審査登録機関）によって審査されることによって，公的に認められる．これを審査登録制度という．規格に適合していることが認められると登録証が発行され，「ISO 14001 認証

取得」事業所となり，ISO 登録マークを使用することができる．審査は日本適合性認定協会（JAB）によって認定された審査登録機関のみ行うことができ，実際に審査を行う審査員は JAB によって認定された審査員研修機関で研修を受け，資格を得る必要がある．JAB は一国一機関設置される「認定機関」である．日本では，環境マネジメントシステム審査登録機関は 42 ある（2006 年 8 月現在）．

認証取得の手順の例を，図 **7.2** に示す [10]．

調査員は事業者を訪問し，審査計画作成のための情報を収集する（事前調査）．事前審査の主な目的はマネジメントシステムの構築状況の確認である．指摘された不適合事項は，実地審査までに是正が完了していることが求められる．実地審査では事前審査のフォローアップを行うとともに，マネジメントシステムの実施を含むマネジメントシステムの適合性について審査する．事業者は，不適合事項に対する是正処置が求められ，重大な不適合がある場合はフォローアップ審査を実施する．審査結果を審議し，登録の可否を判定する．マネジメントシステムの未構築，重大な欠陥がある場合は再審査を実施する．登録終了後，6 ヶ月後，1 年後，2 年後に定期審査（維持審査，サーベイランスともいう）を行う．

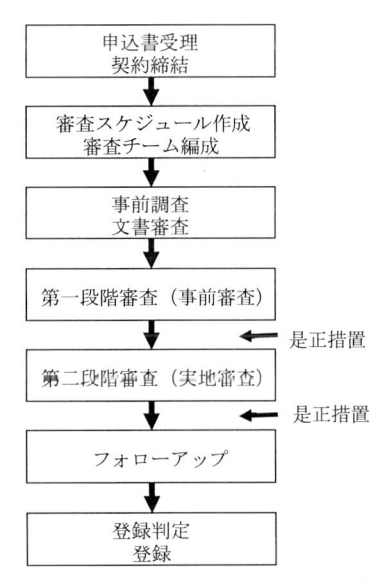

北日本認証サービス株式会社「審査登録の手引き」[10] より作成
図 **7.2** ISO14001 認証取得の手続き例

以上は初回登録審査の手順であり，登録証書の有効期限は3年である．有効期限終了後の登録を希望する場合は，更新審査を受ける．更新審査では，マネジメントシステムが引き続き審査基準を満足し，有効であることを確認する．

❖7.2.4 認証取得状況と取得のメリット

認証取得件数の推移を図 **7.3** に示す（ただし図は，複数の範囲にまたがる取得を重複してカウントしており，組織数では約 18 500（2006 年 6 月現在）となる）．製造業が多いが，公共行政（自治体）が 430，教育 100，医療・社会事業が 70 含まれている．

図 **7.3** に示されるように，日本における登録件数は急激に増加している．2005 年時点で，日本の登録件数は世界全体の約 20％を占め，2 位中国の約 2 倍であり，英国が 5 位で約 6 000，米国は 6 位で約 5 000 である．なぜこのように ISO 14001 認証取得が多いのだろうか．認証済み企業が挙げた認証取得のメリット（2001 年調査）を**表 7.6** に示す．コスト削減，社員教育は企業内部の改善であるのに対し，

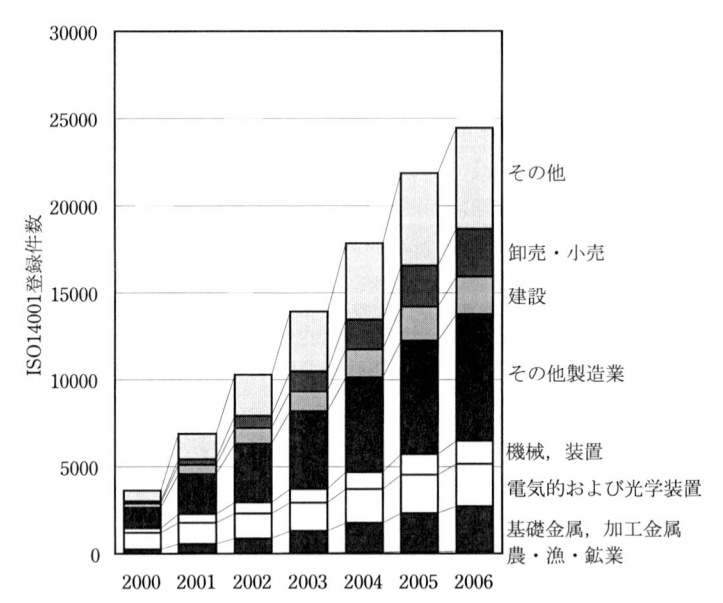

データ：日本適合性認定協会（ISO14001 適合組織統計データ）より作成
各年度 6 月，ただし複数の範囲にまたがる登録は重複してカウント
図 **7.3** ISO 14001 登録組織件数の推移

表 7.6 認証済み企業が挙げた ISO 14001 認証取得のメリット

コスト削減	省エネ・省資源を通じて経費の縮減 企業の環境リスク（法規制違反等による賠償金等支払い）回避
管理システム構築	
営業活動	製品の国際競争力強化 グリーン購入への対応 海外企業との取引における「グリーンパスポート」としての効果
企業イメージ	環境配慮企業であることのアピール 国際的信頼性の向上 環境先進企業であることの証明
社員教育	地球環境問題に対する意識向上 環境リスクに対する危機意識の醸成 環境先進企業としての意識を持たせることによるモティベーション 仕事に対する安心感（環境破壊につながっていない）

(財)日本規格協会調べ（2001年9月），文献[5] 125ページの表を修正

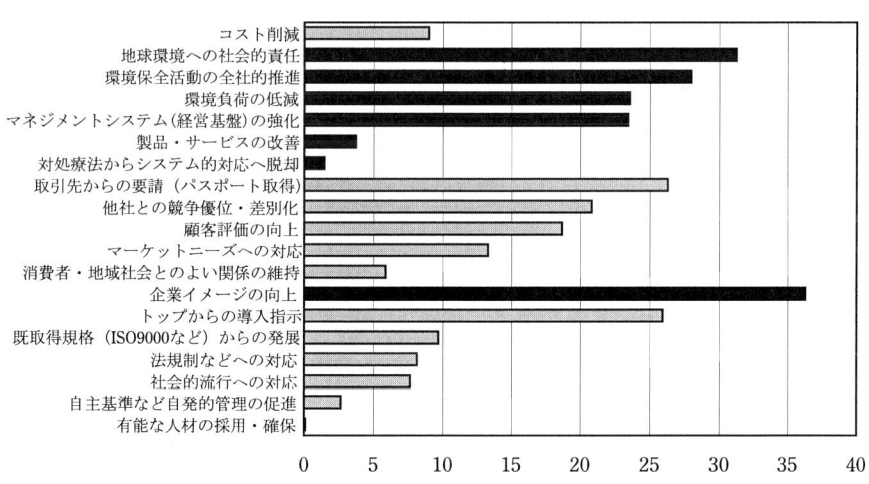

(財)日本適合性認定協会（JAB），環境マネジメントシステム運用状況調査報告書[11]より作成

図 7.4 ISO 14001 の審査登録目的（$n=836$，設定した 20 項目から 3 つ選択）

営業活動，企業イメージは利益をのばすことを目的としている．表中グリーンパスポートとは，環境に配慮していることの通行証明書という意味である．一方，図 7.4 は JAB が ISO 14001 を実際に運用している組織の現状を把握するために行った調査結果（回収率 55.7%）の一部である．審査登録の目的を 20 の設定項目から 3 つ選択するもので，調査は 2004 年に行われた．表 7.6 の大分類順に並べ替えているが，企業イメージの向上が最も多く，次いで地球環境への社会的責

任，環境負荷低減などの環境面での配慮の順となっている．これらに比べると他社との差別化，コスト削減は少なく，ISO 14001 取得の主要な目的は環境配慮に対する社会的要求と責任の認識，および外部へのアピールにあると思われる．ただし，「最も重視している」項目は，取引先からの要請 115，地球環境への社会的責任 110，マネジメントシステムの強化 103 の順となっている．

7.3 環境報告書

7.3.1 環境報告書の必要性

　企業が，事業活動における環境配慮の取組み状況をとりまとめて一般に公開するものが環境報告書（Environmental Report）である．企業をめぐる問題に際して，いわゆる情報隠しが明らかにされ，企業の信頼性が大きく損なわれることがしばしばある．これに対して，環境報告書は環境に関する状況の情報公開（ディスクロージャー，disclosure）と企業の説明責任（アカウンタビリティー，accountability）を果たす役割をもっている．環境負荷の定量的情報や低減のための取組みだけではなく，前章で述べた環境マネジメントシステムも，情報公開の対象である．また，環境報告書を介して，事業者と市民との間の対話（環境コミュニケーション）が促進できると考えられている．

　環境報告書の作成は ISO 14001 では義務付けられていない．しかし，2004 年に環境配慮促進法（略称）が公布され（2005 年 4 月施行），大企業に対して公表と情報の信頼性向上を求めたほか，特定事業者に指定された 23 の独立行政法人，59 の国立大学法人，日本原子力研究所など 5 機構に対しても作成・公表を義務付けた．

7.3.2 環境報告書の機能

　環境省は，事業者が環境配慮に関する取組み状況を積極的に公開し，社会とのコミュニケーションを促進するため，環境報告書作成の手引きとして 2001 年に「環境報告書ガイドライン」を策定し，2003 年に改訂[12]した（2003 年度版）．環境報告書の機能は，外部と内部に分けて説明されている．

　外部機能とは，上で述べた事業者と社会との間のコミュニケーションを図るもので，①社会に対する説明責任に基づく情報開示，②利害関係者の意思決定に有用な情報を提供，③社会との間の誓約と評価による環境活動の推進，が挙げられ

ている．②は企業に対する投資（後述の **7.4.4** 参照）のための判断材料の提供，③は社会に対する「公約」にあたり，外部の目を意識することでの取組みがより進展することが期待されている．

一方，内部機能としては④自らの方針・目標・行動計画の策定見直し，⑤経営者・従業員の意識づけ，行動促進の2つが挙げられている．④は外部へ公表するため事業者自身が取組み内容の充実を意識し，環境情報収集システムの整備，方針や行動計画の見直しが行われること，⑤は取組みの現状を従業員が理解し，意識を高めることが期待されている．

❖7.3.3 記載事項

前項の外部機能を十分に果たすものとするため，ガイドラインは環境報告書が記載すべき内容を，**表 7.7** の5分野，25項目に分けて示している[12]．

①の経営者緒言は，環境報告書の巻頭に記載される「総括と誓約」であり，きわめて重要である．記載が望ましい情報として，持続可能な社会のあり方についての認識，環境配慮の方針と戦略，重大な環境側面の総括，取組みを実施して目標を期限までに達成することの誓約などが挙げられている．

④は方針のみでなく，事業特性に応じてどのような環境負荷があり，それに対してどう取り組むか，環境配慮方針を作成した背景・理由を説明することが重要である．⑤の実績とは，環境パフォーマンス指標（**7.1.3 (3)**）の総エネルギー消費量などを指し，⑥は「環境パフォーマンス指標ガイドライン」に示されたコア指標（**表 7.4**）により，資源・エネルギー投入量，環境負荷物質等の排出量，製品の生産・販売量を，マテリアルバランスの観点から整理することを求めている．

⑧は，環境マネジメントシステム（**7.2.1**）の説明であり，システム構築状況，組織体制，運用状況などを述べる．⑨は取引先に対し，環境配慮のための要求や依頼，管理のことであり，⑩には製品やサービスの環境適合設計（DfE）やLCAを用いた研究開発も含む．⑬は，事業者や従業員が行う環境社会貢献活動，環境NPOに対する支援，業界団体等の取組みや，緑化・植林・自然修復などの活動を指している．

⑭～㉑は**表 7.4**のコア指標と同じである．

5）は持続可能性に係る社会的側面であり，**7.4**で詳しく述べる．

表 7.7 環境報告書の記載項目

1) 基本的項目 　①経営者の緒言 　　㋐持続可能な社会についての認識 　　㋑環境配慮の方針・概略 　　㋒環境負荷の状況（重大な環境側面） 　　㋓取組みの目標を達成することの誓約 　②報告基本要件（対象組織・期間・分野） 　③事業の概要
2) 環境配慮の方針・目標・実績等の総括 　④環境配慮の方針 　　㋐事業活動における環境配慮の方針 　　㋑環境配慮の具体的内容，将来ビジョン 　⑤目標，計画，実績 　⑥マテリアルバランス 　⑦会計情報
3) 環境マネジメントの状況 　⑧環境マネジメントシステム 　⑨サプライチェーンマネジメント 　⑩環境に配慮した新技術・研究 　⑪情報開示，環境コミュニケーション 　⑫環境に関する規制遵守状況 　⑬社会貢献活動
4) 環境負荷およびその低減の取組み状況 　⑭総エネルギー〜㉑総排水と対策 　㉒輸送，㉓グリーン購入，㉔製品サービス
5) 社会的取組みの状況

㋐㋑㋒㋓は，記載が望ましい情報の一部
環境省「環境報告書ガイドライン（2003年度版）」[12] より作成

❖7.3.4 環境報告書の作成状況

　環境省は毎年，企業における環境配慮行動に関する調査を行い，結果を公表している．環境報告書の作成状況を，ISO 14001 取得状況と併せて図 **7**.5 に示す．2004 年度の調査対象は，東京，大阪，名古屋の各証券取引所に 1 部，2 部上場企業，従業員数 500 以上の非上場企業であり，それぞれ回答数は 1 127 社（有効回答率 42.9%），1 397 社（同 37.2%）であった．

　ISO 14001 取得率は，上場企業が 80%，非上場企業が 60% であり，大企業の認証取得が進んでいることがわかる．しかし環境報告書を作成・公表している企業は上場，非上場合わせて 31.7% であり，ISO 認証取得に比べると割合は低い．「来年は作成・公表予定」が 5.4% であり，増加は見込めるもののゆるやかである．

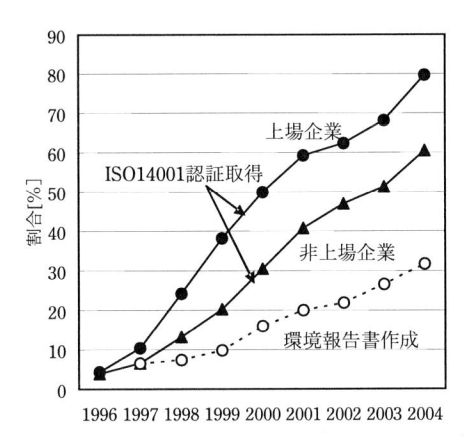

平成16年度「環境にやさしい企業行動調査」調査結果　概要版[13]より作成
図 7.5　大企業の ISO 14001 認証取得，環境報告書作成・公表の経年変化

❖7.4　企業の社会的責任

❖7.4.1　トリプルボトムライン

環境に対する責任に続いて，企業は社会に対しても責任ある行動をとらなければならないとの考えが広まっている．これを，企業の社会的責任（CSR：Corporate Social Responsibility）と呼んでいる．新聞紙上で2003年以降，CSRに関する記事が頻繁に見られるようになり，2003年には主要4紙併せて896の記事が掲載された[14]．

経済，環境，社会の3つの側面で企業を評価するとの考え方を，トリプルボトムライン（Triple Bottom Line, TBL）と呼ぶ．ボトムラインとは収支決算書の最終行，すなわち収益・損失の合計欄をさすが，企業本来の目的である収益を上げることだけでなく，環境に対して配慮し，社会的な責任も果たさなければならないとするのが，トリプルボトムラインの考え方である．1997年に英国サステナビリティ社のジョン・エルキントンが示したものであり，現在では企業活動に限らず，7.4.3で述べるように持続可能性の条件であると考えられている．

企業が対象とする社会の範囲は広い．企業は，経営・財政面において株主（shareholder）に対する責任を持つ．しかし企業活動を通して環境，社会面で影響を及ぼす対象は株主にとどまらない．従業員，取引先，消費者，地域住民，行政機関な

どはすべて企業の利害関係者であり，ステークホルダー（stakeholder）と呼んでいる．すなわち，企業との間に影響を与え，与えられるとの相互関係があり，企業が責任を負わなければならない個人や集団がステークホルダーであり，最も広い定義は「社会」となる．LCA的に考えれば資源を採取する諸外国や，次世代も含めることができる．

CSRの定義にはまだ明確なものがないが，EU（欧州連合）は「企業活動およびステークホルダーとのやりとりにおいて，社会と環境に対する配慮を自発的に組み入れること（筆者訳．原文はCSR is a concept whereby companies integrate social and environmental concerns in their business operations and in their interaction with their stakeholders on a voluntary basis[15]）」としている．

国際標準化機構（ISO）では企業の社会的責任に関する国際規格化の検討を進めている．社会的責任は企業のみが担うわけではないことから「C（corporate）」を取ってSR規格とし，2009年発行の予定である．規格番号はISO 26000とすることが決定している．

❖7.4.2 社会的側面に関する概念

社会的側面が具体的にどのようなことを指すのかは，以下の2つの例から読み取ることができる．両者とも，多様な，幅広いステークホルダーを考え，人権，教育，労働，福祉における貢献をしなければならないと述べている．

(1) グローバルコンパクト（Global Compact）[16]

グローバルコンパクトは，1999年にアナン国連事務総長が提案した国際的イニシアチブである．グローバル化した世界経済が引き起こす可能性のあるさまざまな問題を解決するため，企業が一致団結して，地球市民としてその責務を果たすことを求めている．表7.8の人権，労働，環境の3分野9原則の支持と実践を要求しており，「企業戦略，企業運営に9原則を取り入れ，多様なステークホルダー間の協力によって問題解決を容易にする」ことを目的としている．10番目の原則は，2004年に追加された．

(2) コー円卓会議（The Caux Round Table）[17]

日米欧の企業経営者からなる民間グループであり，最初の会議が開催された地名をとってコー（Caux，スイス）円卓会議と呼ばれている．「より良き世界のための企業行動」の指針として公表された「コー円卓会議原則」の序文には，社会に果たすべき役割が次のように述べられている．（以下の文章は，筆者の要約）

表 7.8　グローバルコンパクトの 10 原則

人権
　原則 1．企業はその影響の及ぶ範囲内で国際的に宣言されている人権の擁護を支持し，尊重する．
　原則 2．人権侵害に加担しない．

労働
　原則 3．組合結成の自由と団体交渉の権利を実効あるものにする．
　原則 4．あらゆる形態の強制労働を排除する．
　原則 5．児童労働を実効的に廃止する．
　原則 6．雇用と職業に関する差別を撤廃する．

環境
　原則 7．環境問題の予防的なアプローチを支持する．
　原則 8．環境に関して一層の責任を担うためのイニシアチブをとる．
　原則 9．環境にやさしい技術の開発と普及を促進する．

腐敗防止
　原則 10．強要と賄賂を含むあらゆる形態の腐敗を防止するために取り組む．

http://www.unic.or.jp/globalcomp/outline.htm

表 7.9　コー円卓会議原則「より良き世界のための企業行動」　一般原則

原則 1	企業の責任：株主だけでなくすべてのステークホルダーズに対しての責任 企業自らが生き残ること自体は企業の目的ではない．顧客，従業員，株主のすべての生活を向上させる役割を持つ．仕入先，競争相手に対しては企業の義務を誠実・公平にはたさなければならない．事業活動が行われる地域，地球コミュニティの将来を決定する「責任ある市民」としての役割を持つ．
原則 2	企業の経済的・社会的影響：改革，正義そして地球コミュニティに向けて 諸外国においては，雇用創出，国民の購買力向上支援により，社会的発展に貢献し，また，そこでの人権，教育，福祉，活性化に貢献しなければならない．さらに，地球コミュニティ全体の経済的・社会的発展に貢献しなければならない．
原則 3	企業行動：法律の文言に従うだけでなく信頼の精神で
原則 4	ルールの尊重：貿易摩擦の回避を超えて，協力体制の確立に向けて
原則 5	多角的貿易の支持：孤立化ではなく，世界規模のコミュニティへ
原則 6	環境への配慮：保護からエンハンスメント（enhancement）へ
原則 7	違法行為等の防止：利潤ではなく平和を求めて

http://www009.upp.so-net.ne.jp/juka/Caux-Principllos.htm より内容を要約

「世界の企業経営関係者が経済・社会状況の改善のために重要な役割を果たさなければならない．企業行動は，国家間の関係や人類の繁栄，福利に影響を及ぼす．そのあり方が社会的，経済的変革をもたらすため，世界中の人々が抱く恐れや信頼にも重大な影響をおよぼす．この文書は，企業の是非を判断する世界的な基準を示そうとするものである．」

そして，**表 7.9** の 7 つの一般原則を示している．このうち，原則 1 は株主だけでなく，すべてのステークホルダーに対する責任を，原則 2 では地球コミュニティ

における社会的・経済的発展への貢献を挙げている．

❖7.4.3 持続可能性報告書ガイドライン[18]

　国内では環境省により環境報告書ガイドライン（**7.3.2**）が作成されたが，海外では1997年に創設されたGRI（Global Reporting Initiative）によって，世界共通のガイドライン作成が試みられた．GRIの母体は，UNEP（国連環境計画）と**7.1.1**で紹介したCERESである．GRIが作成したガイドラインは，企業の社会的責任，およびトリプルボトムラインの考え方を強く反映したものとなり，「GRIサステナビリティ・リポーティング・ガイドライン」と名づけられた．このタイトルが示すように，将来世代に負の遺産を残さぬよう，経済・環境・社会の3つの側面を考慮した「持続可能な発展」を実現しようとする内容となっている．2003年に日本で発行された環境報告書のうち，51％は環境省ガイドライン，30％がGRIガイドラインを参考にしている．前述（**7.3.4**）の「環境にやさしい企業行動調査」の回答801社のうち，約半数が「環境面だけでなく，社会・経済的側面も記載」していると答え，CSRを意識した企業経営に関する質問では，実

表 **7.10**　GRIの枠組みにおけるパフォーマンス指標

	分野	側面	
経済	直接的な経済的影響	顧客 供給業者 従業員	出資者 公共部門
環境	環境	原材料 エネルギー 水 生物多様性 排出物	供給業者 製品とサービス 法の遵守 輸送 その他全般
社会	労働慣行および公正な労働条件	雇用 労使関係 安全衛生	教育訓練 多様性と機会
	人権	戦略とマネジメント 差別対策 組合結成と団体交渉の自由 児童労働	強制・義務労働 懲罰慣行 保安慣行 先住民の権利
	社会	地域社会 贈収賄と汚職	政治献金 競争と価格決定
	製品責任	顧客の安全衛生 製品とサービス	広告 プライバシーの尊重

GRIサステナビリティリポーティングガイドライン2002[19] p.40の表より作成

施しているが49.7%,「実施に向けて検討している」が35.5%となっており,関心は非常に高い.また,環境報告書のタイトルも,「環境・社会報告書」「持続可能性報告書」「CSR報告書」としているものを合計すると80%を超えている.

GRIガイドラインに示されているパフォーマンス指標は,**表7.10**のようになっている.**表7.4**の環境省によるパフォーマンス指標は環境,経済面から成っていたのに対し,経済,環境,社会の3つの側面の指標で構成されている.社会のうち労働,人権は,グローバルコンパクト(**表7.8**),コー円卓会議原則(**表7.9**)などが参考とされている.各指標は,すべての組織が報告すべき50のコア指標と,今後の報告が望まれる47の任意指標に分けられている.

❖7.4.4 社会的責任投資

7.3.2で述べた環境報告書の外部機能のひとつとして,「②利害関係者の意思決定に有用な情報を提供」がある.最近では,「企業が果たしている社会的責任」を投資の判断材料とする社会的責任投資(SRI : Socially Responsibility Investment)の考えが広まりつつある.「社会」とあるが,トリプルボトムラインの考え方に基づき,社会・環境両方に対する責任をさしている.投資対象の選別(スクリーニング)には,「社会や環境に十分な配慮を行い,社会的責任を果たしている企業」を評価するポジティブ・スクリーニングと,「社会的批判の多い産業に関連する事業を行う企業」を投資対象から除外するネガティブ・スクリーニングがある.欧米では,たばこ,アルコール,ギャンブル,武器,原子力などが排除項目となっている[20].

SRIは欧米では一般的となっており,2003年に米国では240兆円,欧州で45.5兆円の投資規模である.日本は2004年に1400億円程度にとどまっているが,関心の高さは欧米に劣っていない[14].

また,投資に直接は結びつくものではないが,生活者側からの評価の試みもある[24].アメリカでは,よい企業の判断基準として,①環境問題に取り組んでいるか,②寄付をしているか,③コミュニティに貢献しているか,④男女を平等に雇用しているか,⑤人種差別なく待遇しているか,⑥従業員家族への福祉はどの程度か,⑦労働環境はよいか,⑧情報公開をしているか,⑨武器を製造していないか,⑩動物実験をしていないか,によって評価,格付けしようとの動きがある.また,日本では,朝日新聞文化財団による「企業の社会貢献度調査」では,①働きやすさ,②ファミリー重視,③女性の活躍,④公平さ,⑤雇用の国際化,⑥地域参

加，⑦地球にやさしい，⑧学術と文化，⑨福祉と援助，⑩軍事関与の有無，⑪情報関与，を基本評価項目としている（2004年からは企業の社会貢献活動を顕彰する「朝日企業市民賞」に継承された）．**表7.10**の労働，人権に関わるものが多く，こうした項目は，企業の環境報告書の中にも取り入れられるようになっている．

❖7.5　環境報告書の例

環境報告書を作成している企業は製造業が多く（**図7.3**），**表7.7**に示した環境省ガイドラインの内容も，製造業を第一にイメージしているように思われる．しかし，環境に対する取組みは業種によって異なる．ここでは製造業，小売業，放送業の例を示す．

❖7.5.1　トヨタ自動車サステナビリティ・レポート（製造業）[21]

トヨタ自動車は1998年に最初の環境報告書を発行し，2003年からはEnvironmental & Social Report（環境社会報告書）と名前を変え，社会側面の情報開示を進めた．さらに，社会・経済側面を充実し，「持続可能な社会への貢献」の視点から2006にはSustainability Report（持続可能性報告書）に変更した．**表7.11**に報告書の構成を示す．全83ページのうち，環境側面に36ページ，社会側面に33ページを割いており，**表7.7**の環境報告書ガイドラインの記載項目と比べると，社会側面の充実が目立つ．経済側面は2ページである．

社会側面としては，従業員あるいはその家族とのコミュニケーション，育児や介護の支援，再雇用の制度化，メンタルヘルスケアなど，**表7.10**のGRIガイドラインの内容を多く取り入れている．ビジネスパートナーとのかかわりにおいては，**6.2.2**で説明した上流側における環境負荷低減，下流側（販売側）における社会的責任についても取り組んでおり，ライフサイクル的視点が強く見られる．また社会への貢献としては，人材育成，環境の改善活動が，事例とともに示されている．

6.2の環境会計は，環境側面のうち環境マネジメントの項で示されている．環境コストは環境会計ガイドライン（**表6.1**）の分類とともに，**表7.12**の形式でもまとめている．これは，**6.2.2**(2)に示した，費用の内容（投資と維持コスト）による分類である．

表 7.11 トヨタ自動車 Sustainability Report の構成

環境側面	環境マネジメント		
	開発・設計		
	生産・物流		
	リサイクル		
	その他事業		
社会側面	お客様		
	従業員		
		相互信頼・相互責任に基づく労使関係	
			従業員とのコミュニケーション
			従業員の家族とのコミュニケーション
		人材育成	
		多様性の尊重	
			仕事と育児（介護）の両立支援
			「プロキャリア・カムバック」制度（再雇用）
			障害者の雇用
		安全・健康	
			健康づくり
			メンタルヘルスケア
	ビジネスパートナー		
		サプライヤーとのかかわり	
			調達ガイドラインの更新
			サプライヤー環境マネジメントの強化
			環境負荷物質削減の取組み
		販売ネットワークとのかかわり	
			販売者 CSR の充実
	株主		
	安全への取組み		
	地域社会・グローバル社会		
		人材養成（国内，国外）	
		環境（緑化，植林など）	
経済側面			

表 7.12 トヨタ自動車の環境コスト項目（環境会計）

環境投資	研究開発費用		
	リサイクル関連費用		
	その他費用（社会貢献，ISO認証，教育訓練等）		
	設備投資	環境対応設備投資	温暖化対策
			廃棄物処理
			公害防止ほか
			その他
		通常設備投資に含まれる環境対応分	
維持コスト	環境対策関連費用	廃棄物処理費用	
		廃水処理費用	
		大気汚染・臭気防止費用	
		地球環境保全費用	
	理解活動費用（広報・宣伝費用）		
	環境専任スタッフ費用		
	環境修復費用	リコール対策	
		土壌・地下水汚染修復費	

❖ **7.5.2 イオン環境・社会報告書（小売業）** [22]

イオンは国内外の157社で構成される小売企業グループである．「商品の販売」が中心事業であるため，社会的側面は消費者と商品に関する内容が多くなっている．報告書全体は，大きく1）家族，2）地域，3）地球に分けられ，特徴的な内容を抜き出すと，以下のようになる．

1）家族を思いやる視点
　－安全と環境に配慮した商品（自社ブランド）の提供
　－商品の中身のわかりやすい表示（化学調味料，保存料の使用など）
　－食品の生産地情報の公開（トレーサビリティ＝履歴の追跡）
　－安全な農産物製品のための生産者との連携
2）地域とともに生きる
　－食を通じた地域活性化（地産地消活動）
　－地元店の出店依頼，商店街へのノウハウ提供
　－地域にとけ込む店作り（各種サービス，市民の交流の場の提供など）
　－子供たちへの環境学習の場の提供（こどもエコクラブ）

3）地球の豊かさを未来へ
  －買い物袋持参運動，店頭リサイクル回収の実施
  －生物分解可能なバイオマス包装資材の利用
  －輸送時のリターナブルコンテナの利用（段ボール使用の削減）

このほかに，事業所からの CO_2 排出削減，環境マネジメント体制の状況，環境会計など，一般的な内容も含まれているが，全46ページ中1）2）合わせて24ページであり，やはり「社会側面」に多くのページを割いている．しかし，その内容は消費者と地域を中心としており，製造業とはかなり異なっている．

❖7.5.3 NHK（日本放送協会）環境報告書（放送業）[23]

環境に対する意識を高め，行動を促すには，市民に対する啓発・啓蒙が必要である．したがって，放送業は提供する「映像や情報（＝放送業の商品）」を通じて環境に貢献することができ，製造，小売業とは，環境に対する貢献の方法が大きく異なっている．

NHKは2006年度の環境報告書において，基本理念として「地球環境の保全が大きな課題であることを深く認識し，公共放送として放送を通じて環境問題に関する視聴者の意識や行動を喚起する」と述べている．また基本方針では，「ニュース・番組等放送やイベントを通じて，環境に関する情報の提供に努める」ことを第一に挙げている．

環境報告書は1）NHKの環境活動，2）社会に対する啓発的役割の推進，3）事業運営に伴う環境負荷削減の推進，4）環境マネジメントの4部で構成されている．最も特徴的なのは，2）であり，地球環境，自然，廃棄物とリサイクルなどに関する「身近なことから地球環境まで」の番組，全国各地の放送局による地域に密着した番組が紹介されている．また，「地球にやさしい活動報告」の紹介と表彰，環境に関する写真やメッセージの紹介，地球環境に関するセミナー開催，キャンペーン実施などの「環境イベント」についても活動が報告されている．

3）については，放送設備，オフィスの省エネ対策，中継車の低公害化（排ガス対策，アイドリングストップなど），ビデオテープのリサイクルなどを挙げている．4）の環境マネジメントは，全職員の10％に対して環境に関する意識・行動調査の結果が報告されている．

演習問題（第7章）

以下の説明文には，それぞれ誤りがある．正しい文章に訂正しなさい．

(1) 環境マネジメントシステム（EMS）とは，環境に関する方針・目標を設定し，その達成に向けて取り組むための体制・手続きであり，P（計画, plan）→ D（実施・運用, do）→ C（点検・是正, check）→ E（評価, evaluation）を繰り返すことで運用する．
(2) 環境パフォーマンス指標とは，EMSによって得られる環境負荷削減などの結果を，売上高，製品生産量など企業活動量に対する比として表す指標である．
(3) ISO 14001認証とは，EMSが規格に適合し，環境に関する目標が達成されていることが第三者機関の審査によって認定されたことを表す．
(4) 環境ラベルのうちタイプIはLCAをもとに製品の環境影響を定量的に表示するもので，第三者の判定基準に合格した場合に使用が許される．
(5) 環境報告書は事業活動における環境配慮の取組み状況をまとめて一般に公開するもので，公的機関に対しては法律によって作成が義務付けられている．
(6) 環境，社会，倫理の3つの側面で企業を評価するとの考え方を，トリプルボトムラインと呼び，持続可能性の必要条件とされている．
(7) 企業に対する利害関係者をステークホルダーと呼び，小売業の場合は消費者をさす．
(8) 社会的責任投資（SRI）とは，企業が社会的貢献のために行う投資をいう．

引用・参考文献

[1] 日本船主協会
http://www.jsanet.or.jp/environment/text/environment3b/01_01.html
[2] http://www009.upp.so-net.ne.jp/juka/CERES-Principles.htm
[3] 国連事務局：アジェンダ21－持続可能な開発のための行動計画－，海外環境協力センター，1993
[4] 大浜庄司：ISO 14000 環境マネジメントシステム監査の実務，オーム社，2002
[5] 安藤眞，中山信二：環境マネジメントシステムの導入と実践，かんき出版，2002
[6] 日本環境協会エコマーク事務局：パーソナルコンピュータ Version2.0 認定基準書，2006年8月3日
[7] 産業環境管理協会（エコリーフ）http://www.jemai.or.jp/ecoleaf/index.cfm
[8] 環境省：事業者の環境パフォーマンス指標ガイドライン（2002年度版）
[9] 吉村秀勇：ISO 14000 入門，日本規格協会，2003
[10] 北日本認証サービス㈱：審査登録の手引き・審査登録規則，2003年4月
[11] 日本適合性認定協会：環境マネジメントシステム運用状況調査報告書，2005年11月
[12] 環境省：環境報告書ガイドライン（2003年度版），平成16年3月
[13] 環境省：平成10年度「環境にやさしい企業行動調査報告書」調査結果概要版，平成17年9月
[14] 環境省：社会的責任（持続可能な環境と経済）に関する研究会報告書，平成17年
[15] Corporate Social Responsibility: A business contribution to Sustainable Development
[16] http://www.unic.or.jp/globalcomp/outline.htm
[17] http://www009.upp.so-net.ne.jp/juka/Caux-Principlles.htm
[18] 環境省：環境報告書ガイドラインとGRIガイドライン併用の手引き，平成17年
[19] GRI日本フォーラム：GRIサステナビリティ・リポーティング・ガイドライン2002，2002
[20] 岡本享二：CSR入門，日本経済評論社，2004
[21] トヨタ自動車：Sustainability Report 2006
[22] イオン環境・社会報告書 2006
[23] NHK 環境報告書 2006
[24] 松井三郎 編著：地球環境保全の法としくみ，コロナ社，2004

索　引

【A–Z】

accountability　168
atmosphere　22

benefit　130
bequest value　144
bidding game　147

category indicator　118
CBR：Cost Benefit Ratio　133
CERES　157
characterization　118
classification　117
closed-loop recycle　115
conjoint analysis　148
cost benefit analysis　132
cost effectiveness analysis　133
Cradle to grave　103
CSD　14
CSR：Corporate Social Responsibility　171
CVM：Contingent Valuation Method　146

demand curve　132
dematerialization　28
depreciation　137
DfE　169
dichotomous choice　147
disclosure　168
Distance to Target　118
Dose-Response Methods　145

Eco Indicator　119
ecological rucksack　26
EF：Ecological Footprint　31
EMS：Environmental Management System　158
Environmental Accounting　134
Environmental Audit　159
Environmental Capacity　29
Environmental Label　159
Environmental Management Accounting　139
Environmental Performance Evaluation　161
Environmental Report　168
EPS　119
existence value　144
external costs　133
external diseconomies　134
externality　133

functional unit　110

Global Compact　172
goods　129
GRI：Global Reporting Initiative　174
GWP　118

H-IWM　125
hedonic price method　146
hidden flow　26
HQ　81

索 引

hydrosphere　22

impact category　117
Input-Output Analysis　112
Inventory Analysis　109
inventory　109
IPCC　118
ISO 26000　172

JAB　165

LC-CO$_2$　113, 120
LCA：Lifecycle Assessment　103
LCC：Lifecycle Cost　141
LCE　120
LCI：Life Cycle Inventory Analysis　117
LCIA　117
LIME–LCA　119
lithosphere　22
LOAEL　81

marginal cost curve　131
marginal costs　131
marginal WTP　130
market failure　134
Material Balance　21
MFA：Material Flow Analysis/Accounting　21
MI：Material Intensity　30
MIPS：Material Intensity per Service　30, 120

net benefit　133
NOAEL　81
non-renewable resource　104
non-use value　143
normalization　118

ODP　118
open-ended question　147
open-loop recycle　115
option use value　144

passive use value　144
payment card　147
POPs　27
preference　145
private costs　133
Process Analysis　111
PRTR：Pollutant Release and Transfer Register　42, 138

renewable resource　104
Replacement Cost Methods　145
RP：Revealed Preference Methods　145

SETAC　117
SFA：Substance Flow Analysis　22
social costs　133
SP：Stated Preference Methods　145
Spaceship Earth　158
SRI：Socially Responsibility Investment　175
SSWMSS　124
stakeholder　172
substance　22
supply curve　132
system boundary　22, 108

TBL：Triple Bottom Line　171
TCM：Travel Cost Method　145
TDI　81
The Caux Round Table　172

use value　143

valuation　118

WTA：Willing to Accept compensation　131
WTP：Willingness to Pay　129

索 引

【あ】

アカウンタビリティー　168
アジェンダ 21　3, 158
Avoided Impact 手法　115

遺産価値　144
ISO 14001 認証取得　165
ISO 14000 シリーズ　159
一日耐容用量　81
インパクトカテゴリ　117
インベントリ　109
インベントリ分析　109

受取意思額　131
宇宙船地球号　158

エクソン・バルディーズ号　157
エコ効率　29
エコタウン事業　24, 39
エコバランス国際会議　106
エコポイント　119
エコマーク　160
エコラベル　159
エコロジカル・フットプリント　31, 105
エコ（ロジカル）リュックサック　26, 105
SR 規格　172
エネルギー地　31
LCA 原単位　113
エンドポイント　78

欧州環境毒物化学学会　117
オープンループ・リサイクル　115
オゾン層破壊指数　118
オプション価値　144

【か】

外部環境会計　139
外部環境監査　159
外部機能　135
外部性　133
外部費用　133
外部不経済　134
化学物質排出把握管理　138
隠れたフロー　4, 5, 26
仮想評価法　146
カテゴリーインディケータ　118
環境アセスメント　47
環境影響評価　47
環境影響評価法　47
環境会計　134
環境会計ガイドライン　135
環境監査　159
環境管理　158
環境管理会計　139
環境効率　29
環境コスト　140
環境コストマトリックス手法　140
環境コミュニケーション　168
環境側面　163
環境適合設計　169
環境と開発に関するリオ宣言　3
環境配慮型業績評価システム　140
環境配慮型原価企画システム　140
環境配慮型設備投資決定手法　140
環境配慮促進法　168
環境パフォーマンス　134, 161
環境パフォーマンス指標ガイドライン　161
環境パフォーマンス評価　161
環境報告書　168
環境報告書ガイドライン　168
環境方針（EMS における）　163
環境保全効果　134, 138
環境保全コスト　134, 135
環境マネジメント　158
環境マネジメントシステム　158
環境容量　29
環境ラベル　159
環境リスク　71
完全評定型（コンジョイント分析の）　148

索 引

機会費用　146
危機意識　13
企業の社会的責任　171
機能単位　110
急性毒性　81
供給曲線　132

グリーン購入　136
クローズドループ・リサイクル　115
グローバルコンパクト　172

経済効果（環境会計の）　139
経済効率性　132
限界支払意思額　130
限界支払意思額曲線　130
限界費用　131
限界費用曲線　131
減価償却　137
顕示選好法　145

行動意図　13
コー円卓会議　172
国連環境開発会議　2, 3
国連人間環境会議　158
個人TCM　146
ゴミゼロ国際化行動計画　17
コンジョイント分析　148

【さ】

サービス　129
サーベイランス（EMSの）　165
財　129
最小毒性量　81
再生可能資源　104
再生費用法　145
財務パフォーマンス　134
サブスタンスフロー分析　22, 27
産業連関法　112
残存価格　137
3R　1
3Rイニシアティブ　17
3R行動　13

GRIサステナビリティ・リポーティング・
　ガイドライン　174
事業エリア　135
資源効率　29
資源生産性　16, 29, 34
事後調査　53
市場の失敗　134
市場のメカニズム　132
システム境界（LCAの）　22, 108
事前審査（EMSの）　165
持続可能性報告書ガイドライン　174
持続可能な開発　1
　——委員会　14
　——に関する世界首脳会議　3
　——のための教育　3
実地審査（EMSの）　165
私的費用　133
支払意思額　129
支払カード方式　147
指標　13
社会的コスト　141
社会的責任投資　175
社会的費用　133
自由回答形式（CVMの）　147
受動的利用価値　144
需要曲線　132
循環型社会　1, 3, 6
循環型社会形成推進基本計画　34
循環型社会形成推進基本法　6, 9
循環資源　6, 8, 23
循環利用　4
循環利用率　16, 34
純便益　133
生涯平均一日摂取量　80
生涯平均一日体内用量　80
生涯平均一日曝露濃度　80
償却率　137
情報公開　168
条例アセス　48
処理の優先順位　9
審査登録制度　164

推定的効果（環境会計の）　139

スクリーニング　*51*
スコーピング　*51*
ステークホルダー　*172*
ストックホルム会議　*158*

生活環境影響調査　*58*
正規化（インパクト分析の）　*118*
生産阻害地　*31*
是正処置（EMSにおける）　*164*
摂取量　*79*
説明責任　*168*
セリーズ原則　*157*
ゼロエミッション構想　*24*
選好　*145*
選好依存型　*145*
選好独立型　*145*
戦略的環境アセスメント　*124*
戦略的廃棄物マネジメント支援ソフトウェア　*124*

総支払意思額　*130*
ゾーンTCM　*146*
存在価値　*144*

【た】

第1種事業　*50*
第三者監査（環境会計の）　*159*
体内負荷量　*79, 80*
体内用量　*79*
第2種事業　*50*
代理指標　*120*
脱物質化　*28*
ダブルバウンド二項選択法（コンジョイント分析の）　*151*

地球温暖化係数　*118*
地球温暖化に対する政府間パネル　*118*
地球サミット　*2, 3, 158*
調査項目（環境影響調査の）　*58*

積み上げ法　*111*

DtT法　*118*
定額法　*137*
定期審査（EMSの）　*165*
ディスクロージャー　*168*
定率法　*137*
データの品質（LCA）　*123*
適用効果法　*145*
鉄鋼循環図　*36*
典型7公害　*47*

統合化手法　*118*
統合評価（インパクト分析の）　*118*
特性化（インパクト分析の）　*118*
特性化係数　*118*
都市ごみ　*35*
トラベルコスト法　*145*
トリプルボトムライン　*171*

【な】

内部環境会計　*139*
内部環境監査　*159*
内部機能　*135*
内包環境負荷　*111*

二項選択方式　*147*
二酸化炭素排出量　*9*
日本適合性認定協会　*165*

ネガティブ・スクリーニング　*175*

【は】

バイアス　*147*
曝露　*79*
曝露係数　*79*
曝露濃度　*79*
ハザード　*78*
ハザード比　*81*
発ガンスロープファクター　*82*
バックグラウンドデータ　*112*
パネル法　*119*
バルディーズ原則　*157*

索引

PSR フレームワーク　13
PDCA サイクル　164
非再生可能資源　104
費用効果分析　133
費用の内部化　142
費用便益比　133
費用便益分析　132
表明選好法　145
非利用価値　143

ファクター X　29
ファクター 10　29
ファクター 4　29
フォアグラウンドデータ　112
フォローアップ審査（EMS の）　165
不確実性解析　84
付値ゲーム（CVM の）　147
物質収支　21
物質集約度　30
物質代謝システム　21
物質フロー指標　16
不適合（EMS の）　165
フルコスト　141
プロファイル　148
分配率　27
分類化（インパクト分析の）　117

ペアワイズ評定法（コンジョイント分析の）　149
ヘドニック法　146
便益　130

北大・総合廃棄物処理評価モデル　125
ポジティブ・スクリーニング　175

【ま】

マテリアルフロー勘定　21

マテリアルフローコスト会計　142
マテリアルフロー分析　21
慢性毒性　81

無毒性量　81

【や】

ユニットリスク　82

ゆりかごから墓場まで　103

用量‒反応関係　81
ヨハネスブルグ・サミット　2, 3

【ら】

ライフサイクルアセスメント　103
ライフサイクル影響評価　117
ライフサイクルエネルギー消費量　120
ライフサイクルコスティング　141
ライフサイクルコスト　141
ライフサイクル CO_2 排出量　120
ライフスタイル　9

リオサミット　158
リスク　70
リスクアセスメント　69
リスクコミュニケーション　70
リスク認知　71
リスク比較　93
リスクマネジメント　69
利用価値　143
旅行費用法　145

【わ】

環のくらし　11

◆編著者

田中　勝（たなか　まさる）

- 1964年　京都大学工学部卒業
- 1970年　米国ノースウェスタン大学大学院博士課程修了，Ph.D.，米国ウェインステイト大学助教授
- 1976年　厚生省入省，国立公衆衛生院にて研究・教育に従事
- 1992年　厚生省国立公衆衛生院廃棄物工学部長
- 2000年　岡山大学環境理工学部教授
- 現　職：鳥取環境大学教授，（株）廃棄物工学研究所所長，岡山大学名誉教授
  　　　　第6代廃棄物学会会長，現在，中央環境審議会廃棄物・リサイクル部会長
  　　　　原子力安全委員会専門委員
  　　　　2004年環境保全功労者環境大臣賞，2006年環境おかやま大賞を受賞
- 研究分野：廃棄物工学，環境影響評価学
- 主な著書：新・廃棄物学入門(2005)中央法規出版／医療廃棄物白書 2007(2007)自由工房／循環型社会への処方箋(2007)中央法規出版／戦略的廃棄物マネジメント―循環型社会への挑戦(2008)岡山大学出版会，など

◆著　者

松藤　敏彦（まつとう　としひこ）

- 1983年　北海道大学大学院博士課程修了，工学博士
- 現　職：北海道大学大学院工学研究科教授
- 研究分野：廃棄物工学，環境工学
- 主な著書：廃棄物工学の基礎知識(2003)技報堂出版／都市ごみ処理システムの分析・計画・評価(2005)技報堂出版／ごみ問題の総合的理解のために(2007)技報堂出版，など

角田　芳忠（かくた　よしただ）

- 1981年　北海道大学大学院修士課程修了，博士（工学）
- 2002年　北海道大学大学院工学研究科特任助教授
- 現　職：（株）タクマ　東京技術企画部部長
- 研究分野：廃棄物工学，環境工学
- 主な著書：廃棄物工学の基礎知識(2003)技報堂出版／循環型社会への処方箋(2007)中央法規出版，など

石坂　薫（いしざか　かおる）

- 2003年　岡山大学大学院博士課程修了，博士（環境理工学）
- 2004年　岡山大学大学院環境学研究科助教（～2007年）
- 現　職：（株）廃棄物工学研究所　主任研究員
- 研究分野：リスクコミュニケーション，合意形成

循環型社会評価手法の基礎知識

定価はカバーに表示してあります．

2007年3月8日　1版1刷　発行
2008年7月25日　1版2刷　発行

ISBN978-4-7655-3417-8 C3051

編著者　田　中　　　勝
著　者　松　藤　敏　彦
　　　　角　田　芳　忠
　　　　石　坂　　　薫
発行者　長　　　滋　彦
発行所　技報堂出版株式会社
　　　　東京都千代田区神田神保町1-2-5
　　　　〒101-0051　（和栗ハトヤビル）
　　　　電　話　営業　(03)(5217)0885
　　　　　　　　編集　(03)(5217)0881
　　　　ＦＡＸ　　　　(03)(5217)0886
　　　　振替口座　　　00140-4-10
　　　　http://www.gihodoshuppan.co.jp/

日本書籍出版協会会員
自然科学書協会会員
工学書協会会員
土木・建築書協会会員

Printed in Japan

Ⓒ Masaru TANAKA, Toshihiko MATSUTO, Yoshitada KAKUTA and Kaoru ISHIZAKA, 2007

装幀　冨澤　崇　　印刷・製本　技報堂

落丁・乱丁はお取替えいたします．
本書の無断複写は，著作権法上での例外を除き，禁じられています．

● 小社刊行図書のご案内 ●

都市ごみ処理システムの分析・計画・評価 ―マテリアルフロー・LCA計画プログラム―

松藤敏彦著　　　　　　　　　　　　　　　　　　　　　B5・CD-ROM+106頁

都市ごみ処理システムはコスト最小に加えて，環境影響をできるだけ小さくすることが求められている。しかし，ごみ組成や分別の多様化，さらには処理方法の多様化のため，処理法の選択肢は増加，よりよい処理方法の決定は大変難しい作業である。本書は，自治体でのごみ処理計画をシミュレートし，処理システムの概略設計を示し，同時に処理別のユーティリティ使用量，コスト，エネルギー消費量などを計算する実用プログラム H-IWM(Excel版)を提供すると共に，計算方法の詳細などを解説。

持続可能な廃棄物処理のために ―総合的アプローチと LCA の考え方―

松藤敏彦著　　　　　　　　　　　　　　　　　　　　　　　　　A5・320頁

「リサイクルはどこまで行えばよいのか」「ごみ処理方法はどのように選択すべきなのか」「最終的にどのような姿を目指すべきなのか」といったことは廃棄物に携わる多くの人が抱いている疑問である。本書は「Integrated Solid Waste Management: a Life Cycle Inventory, 2001」を日本の実情を考慮して抄訳したもので，(1)廃棄物処理の総合的アプローチ，(2)持続可能性の概念を提示し，(3)豊富な事例や(4)都市ごみ処理技術を紹介することにより，これらの疑問に対して明確な方向性を与える。

リサイクル・適正処分のための廃棄物工学の基礎知識

田中信壽編著／松藤敏彦・角田芳忠・東條安匡著　　　　　　　　A5・228頁

廃棄物のリサイクル・適正処分にかかわる工学とその周辺知識を提供する入門書。廃棄物の発生から最終処分まで，いかなる理念によって，どんな法令の下に，どのような仕組み，技術で行われているのかが，一貫して解説されている。21世紀初頭のリサイクル・適正処分の状況を記録しておく，ということも意図されており，廃棄物問題に関心のある一般の読者にも読んでいただきたい。

ごみ問題の総合的理解のために

松藤敏彦著　　　　　　　　　　　　　　　　　　　　　　　　　A5・190頁

最も身近な環境問題＝ごみ問題は，しかし，その内容は複雑で複合的であり，解決には，全体を総合的にとらえる必要がある。本書は，「ごみ問題」を，(1)歴史に学ぶ，(2)表面的な理解から一歩踏み込む，(3)総合的・多次元的な視点をもつ，(4)個々人はどうすればよいのか，という4つの視点から大局的に眺め，目次に示した13のテーマに整理し，問題解決のための糸口となる知識や考え方が身に着くよう工夫している。各テーマに「演習問題」を付すなど，教科書・副読本としての利用を意識したが，一般の方々の参考書としても好適。

健康と環境の工学(第2版)

北海道大学工学部衛生環境工学コース編　　　　　　　　　　　　A5・250頁

次世代を担う学生に，衛生(環境)工学の社会的使命や衛生工学科の研究教育活動について知ってもらうためにまとめた1996年刊の教科書の改訂版。最近，大きく変化し深刻化する地球環境問題や，有害化学物質などに対する新たな対策・技術について書き加えるとともに，全体を見直し，取り上げるテーマも整理して内容を一新した。この分野の学問の面白さと社会における意義を理解する手助けとなる初学者用の書である。大学，高専，専門学校の学生向け。

技報堂出版　TEL 営業 03(5217)0885　編集 03(5217)0881
　　　　　　FAX 03(5217)0886